Ps

玩转

郭绍义 杜利明 著

Photoshop

天津出版传媒集团

天津科学技术出版社

图书在版编目（CIP）数据

玩转Photoshop / 郭绍义，杜利明著. -- 天津 ： 天
津科学技术出版社，2023.11
ISBN 978-7-5742-1633-4

Ⅰ．①玩… Ⅱ．①郭… ②杜… Ⅲ．①图像处理软件
Ⅳ．①TP391.413

中国国家版本馆CIP数据核字(2023)第185967号

玩转Photoshop
WANZHUAN Photoshop

责任编辑：王　璐
责任印制：赵宇伦

出　　版： 天津出版传媒集团
天津科学技术出版社

地　　址：天津市西康路35号

邮　　编：300051

电　　话：(022) 23332695

网　　址：www.tjkjcbs.com.cn

发　　行：新华书店经销

印　　刷：天宇万达印刷有限公司

开本 710×1000　　1/16　　印张 13　　字数 210 000

2023年11月第1版第1次印刷

定价：48.00元

序

　　Adobe Photoshop 2020 是 Adobe 公司推出的图形图像处理软件，其功能强大、操作方便，是当今使用范围最广的平面图像处理软件之一。Adobe Photoshop 2020（以下简称 PS）凭借良好的工作界面和强大的图像处理功能，已成为摄影师、艺术家、平面广告设计师、网页创建者、室内装饰者和计算机爱好者不可或缺的工具。本书不是一本普通的书，而是一本教会读者学习和运用 PS 的教材。我们本着"授人以鱼，不如授人以渔"的原则，从原理出发，帮助读者举一反三。在创作本书时，我们将实用性作为首要目的，保证无论是初学者还是相关从业人员，都能轻松上手，利用 PS 解决日常生活中遇到的图形图像问题。

　　本书共分为 5 章，主要内容如下。

　　第 1 章，讲解关于图像的基础知识，因为了解图像是学习 PS 的基础。

　　第 2 章，讲解关于图层的内容，利用好图层可以很好地解决图像层级关系的问题。

　　第 3 章和第 4 章，主要针对图像的后期处理进行讲解。其中所讲的具体内容可帮助读者对前面章节中学习、使用过的工具和技巧进行复习和整理。读者甚至可以跳过前面的章节直接学习这两章。

　　第 5 章是对前面所讲内容总结的综合性练习，其中还包括一些快捷键、小技巧的操作演示。另外，我们还从适应 PS 发展的角度出发，向读者介绍了非常实用的技能，同时执行了完整的示例制作练习，展现了使用 PS 进行平面设计的编辑操作流程。

　　本书结构清晰、内容通俗易懂，可作为需要使用 PS 软件进行日常商务办公的人事、销售、市场营销、文秘等专业人员的参考书，也可作为大、中专职业院校，电脑培训班中相关专业的教材或参考用书。计算机技术发展迅速，计算机应用更新迭代较快，书中难免会有疏漏和不足之处，敬请广大读者及专家指正。

　　最后，特别感谢戴雪婷、赵漫与、陈朝旭、熊楚倩、周胜男、祝倩琳、刘婷、王亚贤、吕芷萱、刘涵薇对本书的创作和出版所做的贡献。

目录

Ps

第1章　图像基础——你了解图像吗

　　在日常生活中，我们常见的照片、绘画、游戏画面、电脑界面等都可称为图像。了解图像是学习 PS 的基础。根据记录方式的不同，我们把图像分为两大类：模拟图像和数字图像。

　　模拟图像的处理需要借助光学设备等进行，比如将胶卷冲洗为相片。由于模拟图像的局限性及计算机技术的快速发展，数字图像处理逐渐替代了模拟图像处理，在日常生活中的应用也更为便捷。接下来，我们将学习和了解数字图像。

1.1 数字图像的主要类型

数字图像主要有两大类型，一类叫作点阵图，一类叫作矢量图。这两种类型的图像构成方式并不相同，从概念上理解如下。

点阵图，又称为位图或像素图，顾名思义就是由点构成的，如同用马赛克拼贴图案一样，由若干个马赛克般的点以矩阵排列构成的图案。此类图像存在分辨率的高低之分。图像分辨率高，则图像清晰；图像分辨率低，则图像模糊。两种分辨率效果对比如图1-1所示。

高分辨率

低分辨率

图 1-1

矢量图是利用几何特性生成的独立对象，可以无限地缩放，即便将矢量图的细节无限放大，图像也不会变模糊，如图1-2所示。

矢量图

放大的矢量图

图 1-2

1.2 点阵图

　　点阵图在生活中十分常见，例如计算机的某个界面截屏、用数码相机拍摄的照片等都属于点阵图。图1-3是一张用数码相机拍摄的鸳鸟图，是一张典型的点阵图。我们将图片置入PS中，执行"图像">"图像大小"命令，按快捷键"Alt+Ctrl+I"调出"图像大小"对话框，可以看到图片信息，如图1-4所示。

图1-3

图1-4

　　从"图像大小"对话框中，可以看到图片中的信息，包括图片像素大小、分辨率等。"分辨率"的概念将在后续的章节中具体说明，而"像素"即前面所提到的马赛克般的点，它们通过离散矩阵的方式排列，形成图像。当一张点阵图被无限放大时，我们可以看到画面中布满了各种颜色的小方块，即"像素点"。这些像素点是点阵格式图像的最小单位，它们可以通过不同的排列和着色构成各种各样的图像。从图1-4中可知，案例图片的尺寸为 764 像素 ×437 像素，也就是说这张图片在电脑里完全显示一共需要 333868 个像素点（宽度像素 × 高度像素 = 总像素点）。

值得注意的是，虽然我们把点阵图等同于位图与像素图，但位图与像素图之间是有细微差别的。像素图是人为创作的，是在有限的范围、区域内，像素点有规律地排列组合形成的图片，通常用于特定的地方，如网页界面、游戏图片等。

位图等同于点阵图。一张位图通常包含几百甚至几千万个复杂颜色和坐标点。我们看一张位图时，视觉上一般无法察觉像素点的存在，但将图片放大多倍后会看到超大量看似无序且颜色不一的像素点。我们生活中常接触的电子照片就是位图。

> **Tips** 像素图与位图的细微区别：像素图由有序的像素点组成，图片相对较小；而位图由大量看似无序的像素点排列组合而成，图片较大。

1.2.1 点阵格式图像的特点

PS 和其他绘图软件在处理图像时通常使用点阵图。点阵图中的每个像素点都有自己的颜色和位置，因此，当我们处理点阵图时，处理的是每一个像素点、每一个构成图片的小方格，而并非形状。每一个小方格代表一个像素点，而每一个像素点只显示一种颜色。点阵图通过不同像素点的颜色之差及不同的排列顺序而达到逼真的效果。点阵图具有以下特点。

（1）点阵图文件较大，且色彩变化丰富。

点阵图文件所占的存储空间相对较大，因为每一个像素点都是独立的。图像分辨率越高，色彩变化越多，点阵图所需要的储存空间就越大。简单来说，点阵图的质量取决于图像中像素点的数量。一平方英寸的图像所含的像素点越多，色彩就越丰富，颜色过渡就越自然，相应地，图像所需的储存空间也就越大。因此，点阵图更善于表现色彩的微妙变化与色调变化。

（2）点阵图被放大到一定倍数后，边缘会产生锯齿。图 1-5 就是一张典型的点阵图。

图 1-5

我们找到工具栏中的缩放工具，如图 1-6 所示，点击后将图像放大。

图 1-6

可以看到，放大后的图像边缘非常不规则，线条已经变成锯齿状，如图 1-7 所示。

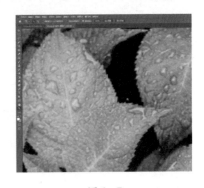

图 1-7

（3）点阵图的储存格式多样。

执行操作"文件"＞"存储为"，如图 1-8 所示，或者使用快捷键"Shift+Ctrl+S"，调出"另存为"对话框。

点击"保存类型"下拉选项，可以看到文件储存格式有 PSD、BMP、PNG、EPS、GIF、JPG、TIF 等，如图 1-9 所示。除了 EPS 格式外，其他储存格式都属于点阵图的储存格式。

图 1-8

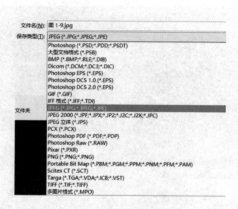

图 1-9

Tips 点阵图的优势很明显，它能表现丰富的色彩，且储存格式多样，可以满足各种软件及运行平台的需求。同样，它的劣势也很明显，所占储存空间较大，且不能无限放大以适应各种应用场景。

1.2.2 改变图像尺寸

许多人在刚学习 PS 时可能会以为缩放图片和改变图像尺寸是一回事。其实，缩放图片指的是利用缩放工具将图片放大或缩小。当我们使用缩放工具放大点阵图时，实质上是增大单个像素点的面积，若仅仅放大图像，则得到的会是模糊的、由各种色块组成的图像轮廓。因此，当放大点阵图时，会发现线条和形状会显得参差不齐，图像也变得不可辨认了。

　　首先，我们置入一张如图 1-10 所示的图片，然后选择缩放工具。当小草图像被放大数次后，我们可以发现小草的边缘出现锯齿，如图 1-11 所示。

图 1-10　　　　　　　　　　　　　　　　图 1-11

　　继续放大，图像中的小草则变得更加模糊，如图 1-12 所示。

　　但是如果我们从远处看它或是将图片缩小，则会发现小草又变清晰了，边缘也变得相对平滑。这样对图片进行放大，就像我们用放大镜观察一个事物一样，事物本身不会发生改变。

　　改变图像尺寸指的是对图像的像素进行增加或减少，是对图片本身进行处理，这样的处理会让图片产生质的变化，并且变化是不可逆的。具体操作如下，执行操作"图像">"图像大小"，或使用快捷键"Alt+Ctrl+I"，调出"图像大小"对话框，如图 1-13 所示。

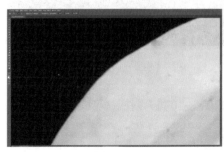

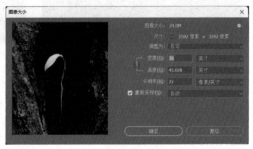

图 1-12　　　　　　　　　　　　　　　　图 1-13

将宽度数值改为 100，单位不变，我们可以看到，高度也随之发生变化。这是因为宽度、高度中间有链接符号，如图 1-14 所示，它是"限制长宽比"选项，能保证图片的宽、高比例不变，通过鼠标左键点击链接符号将它解除，如图 1-15 所示，便可以自定义宽度、高度了。

图 1-14   图 1-15

解除限制长宽比后，将图像宽度改为"200"，然后点击"确定"，图片就变得很小了，如图 1-16 所示。

这时我们执行"图像">"图像大小"命令，或使用快捷键"Alt+Ctrl+I"，调出"图像大小"对话框，将宽度改为"2592"、高度改为"3242"，会发现图像变得不清晰了，如图 1-17 所示。

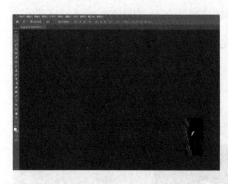 

图 1-16   图 1-17

将反复修改图像尺寸的图 1-18 与前文中的图 1-10 进行对比，可以发现，图像原本的很多细节都丢失了，图像也变得模糊了许多。

图 1-18

这是因为改变数值缩小图像时，是等距离地将原本的像素抽取出来丢弃，再将剩余的像素拼合，数值变大时虽然数值恢复了，但是添加的像素是计算机弥补的，或者说是"捏造"的。这样"捏造"出来的图像就会和原先的图像存在很大的误差，因此细节便不会再与之前一样了。

> **Tips** 缩放图像与改变图像尺寸的区别：缩放图像是改变图像距离人眼的距离，让我们在视觉上感到图片变大或变小；而改变图像尺寸则是利用像素的补充或减少来让图像变大或缩小，改变的是图像本身，经过这样操作后的图像，从本质来讲，变成与之前不一样的图像了。

1.3 矢量图

了解了点阵图后，这一节我们将学习另一种图像类型——矢量图。矢量图又称作"向量图"，即处理时编辑的不是点，而是一个对象。换句话说，我们处理矢量图时，编辑的是一个形状、一个图形，而不是一个个小方格。在矢量图中，每个对象都是独立存在的，它们都有属于自己的形状、颜色、大小以及在屏幕中所处的位置。打个比方，假如我们想出版一本画册，脑海里已经有了内容梗概，但具体内容及细节并不详尽，这时如果我们把内容梗概看作矢量图，那么完善内容、补充细节便可以看作是点阵图。矢量图是描述性的，是根据几何特性来绘制的图形，通过数学公式计算获得，以线段和计算公式为记录对象；而点阵图是记述性的，所有元素都是固定的。在日常生活中，我们经常看见矢量图，比如广告标识、扁平风格插画等。

1.3.1 矢量图的特点

矢量图只能由软件生成，并且以几何图形居多，因此我们在日常生活中常将这种格式用于图案、标志等的设计。矢量图的特点如下。

（1）矢量图所需储存空间较小。

矢量图保存的是线条和图块的信息，因此矢量图的分辨率不会影响图像的储存空间。矢量图文件的大小只与图像的复杂程度有关，也就是说，图像中可编辑的对象越多，所需要的储存空间就越大。

（2）矢量图无限缩放后都不会失真。

矢量图可以无限缩放，无论怎么放大，它的边缘都不会产生锯齿，颜色依旧清晰，线条依旧顺滑，这是它与点阵图最大的区别。如图 1-19 所示，我们将一张矢量图不停地放大，线条依旧是顺滑的，一点儿也没

正常大小的矢量图　　放大后的矢量图

图 1-19

有失真，没有发生任何改变。一张高品质的矢量图无论放大多少倍，边缘都非常顺滑清晰，线条之间是同比例、同粗细的，节点很少。

（3）矢量图难以表现丰富的色彩层次。

尽管矢量图不会失真，但是很难表现出具有色彩丰富、效果逼真的图像，这是因为矢量图是通过数学公式计算获得的，它无法记录所有点独特的颜色信息。

（4）矢量图的储存格式较少。

矢量图常见的存储格式有 AI、PDF、EPS、AIT 等，如图 1-20 所示。

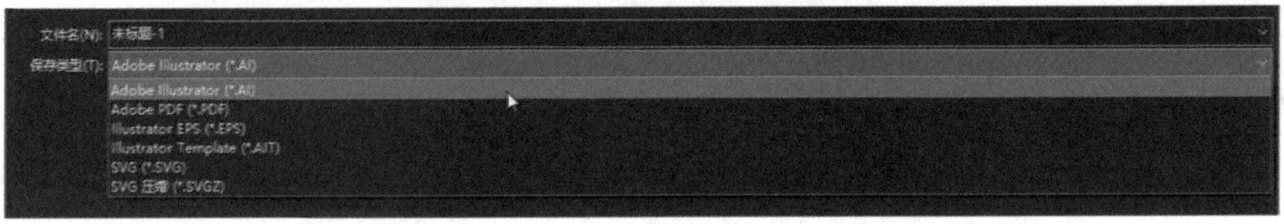

图 1-20

矢量图的储存格式难以应用于多平台、多软件中。

> **Tips** PS 在点阵图编辑方面可以说是所有工具中最强的；而对于矢量图的处理，PS 并没有 Adobe 公司的另一款制图工具——Adobe Illustrator（AI）优秀。AI 是基于矢量的图形处理软件，通过 AI 制作出的图稿既可以缩小到移动设备屏幕般大小，也可以放大到广告牌般大小，但不管怎样变化，看起来都清晰艳丽。

1.3.2 矢量图的适用范围

基于矢量图的特点，矢量图多用于文字设计、图标设计中，如图 1-21 所示。

图 1-21

1.4 图像参数

在电脑美术中，想要改变图像的显示效果，可以通过更改图像的参数来实现。图像的参数包括 3 个部分：图像分辨率、图像大小和图像颜色。

（1）图像分辨率，是指每英寸图像内的像素点数量。图像中的像素点越少，则分辨率越低，看起来就越模糊；反之，则看起来更加清晰。图 1-22 中的图片分辨率为 72，就意味着该图片每英寸中包含 72 个像素点。

（2）图像大小，指的是整个图像所包含的像素总数，是宽度像素值与高度像素值的乘积，如图 1-23 所示。要改变图像大小，可以通过改变物理尺寸值或分辨率数值来实现。

图 1-22　　　　　　　　　　　　　　　图 1-23

（3）图像颜色，是指图像中包含颜色的数量。在图 1-24 中，我们选择了"32 位 / 通道"选项。用于描述颜色的位数越多，颜色变化越细微，图像质量就越好。

图 1-24

1.5　图像文件格式的存储类型

前文已经讲过，矢量图是基于线段和曲线描述图形，这也就决定了它并不适合记录色彩较为复杂的图像。如果我们想在日常生活中记录某个瞬间，只需要用相机拍下并存储就可以了，但如果要将图像换成矢量格式，则需要将图像分解，将图像中的每个景物都用线段来表达。这样一来，图像的后期处理就变得非常麻烦，而且使用矢量图也很难将图像中的内容展示得十分精细，同时，这也是一个非常庞大的计算工程，目前的计算机是极难做到的。即使做到了，保存这幅图像的矢量信息的工程也将非常庞大，同时也就失去了比点阵格式图像占内存小的优势了。

在缩放操作上，矢量图可以缩放自如并且不失真，而点阵图则无法实现这一点，所以矢量图在缩放操作方面的可修改性相较于点阵图更强。因此在今后处理图像时，我们可以根据情况尽量使用更适合的图像格式。

Adobe 公司的 Illustrator 和 Photoshop 这两个软件中的图像格式是可以互相转换的，矢量图可以很容易地转为点阵图，不过点阵图要转为矢量图就相对复杂一些。那么，在实际操作中，我们该选择哪种图像储存格式保存图像呢？

> **Tips** Adobe 公司旗下的软件大部分文件格式都是可以兼容的，比如我们可以将 PSD 文件直接导入 Illustrator 或是 Adobe Premiere 中进行处理。

这里先要明确一个概念：传统的 RTC 显示器、液晶显示器等都是点阵式的，这就会导致我们无论使用哪种格式的图像，最终在显示器上都是以点阵的形式显示的。它们的区别就只体现在图像的处理过程或是图像用途了。但这并不代表矢量格式图像就没有意义，前文提到的矢量格式图像的优势依然存在。就存储与输出来讲，目前的视觉媒体绝大部分也都是点阵式的，比如电影，它是由若干帧数字画面组成的连续效果，若是把它看成静态的，就是一帧一帧有细微变化的画面。因此我们保存图像的文件格式通常也都是点阵式，常用的有 BMP、TIF、JPG、GIF、PNG 等。这些格式是多数软件都能打开的模式，如果将文件直接保存为 PSD 或者 AI 格式，则在网页上不能直接被显示。

在 PS 中保存图像的方式如下：执行"文件">"储存为"命令，或使用快捷键"Shift+Ctrl+S"，调出"另存为"对话框，如图 1-25 所示，我们可以在"文件名"处自定义图像文件的名称，再在"保存类型"处选择需要的格式类型。

图 1-25

1.5.1 JPEG 格式图像文件

如图 1-26 所示，JPEG 文件的扩展名为 jpg 或 jpeg。它使用有损压缩来删除图像中的重复数据或不重要的数据，因此很容易导致图像数据丢失，尤其是当压缩率太高时，解压缩后恢复的图像质量将大大降低。当然，这种文件也能在相对较小的磁盘空间中得到相对较好的图片质量。另外，我们打开保存类型时会发现 JPEG 有三种格式：标准 JPEG、JPEG 2000 和 JPEG 立体。它们有什么区别呢？

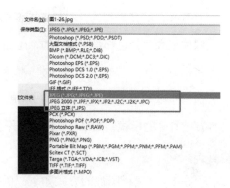

图 1-26

以标准 JPEG 格式浏览网页时，只能依序显示每一张图片，直到图片全部下载完毕，才能看到页面全貌。

JPEG 2000 格式是标准 JPEG 的升级版本，它支持 JPEG 有损压缩和 JPEG 无损压缩。JPEG 2000 具有更高的压缩率，并且不会产生标准 JPEG 压缩后可能产生模糊的情况。以这种格式浏览网页时，可以预下载部分图像文件数据。只需要在模糊预览全图时找到所需的数据部分，然后分别下载该数据部分即可。但我们在日常生活中一般不会用到这种格式。

JPEG 立体是一种 3D 图像格式，它基于人类眼部的构造出发，同时存储左眼及右眼看到的图像，通过左右眼间细小的视觉差异，最终在观看者的大脑中形成立体视觉。

1.5.2　GIF 格式图像文件

GIF 是 Graphics Interchange Format 的简称，意思是"可交换图像数据格式"。由于 GIF 格式可以同时储存多幅图像，因此可以说 GIF 格式图像文件是最简单的动画，同时也是一种最复杂的图像格式。

1.5.3　PNG 格式图像文件

PNG 格式是一种无损压缩的位图图形格式，它增加了一些 GIF 文件格式不具备的特性。PNG 格式文件比较小，一般应用于网页、JAVA 程序中。PNG 文件的特殊算法导致它具有高压缩性，且能不损失数据，不会产生颜色的损失，更便于重复保存、传播。PNG 格式文件的一个最大的优势在于它支持透明效果，因此 PNG 格式彩色图像的边缘与任何背景都能融合并且不会产生锯齿状边缘，在制作设计素材、贴纸等时非常实用。

我们在实际操作中具体选择哪种储存格式要视需要而定，但值得注意的是，在图像被保存为 JPEG、GIF、PNG 格式时，图层是无法被保留的，因此再次用 PS 打开后，是不能编辑每个图层的，如图 1-27 所示。如果保存为 PSD 格式，图像的图层信息则会保留下来，以后再打开时还可以继续修改，如图 1-28 所示。

图 1-27

图 1-28

所以在保存文件时，还要考虑软件的专用格式，保留源文件的备份，便于以后修改。PS 的专用格式是 PSD 文件格式，如图 1-29 所示。

图 1-29

Tips 除了上述通用格式之外，还可以根据电脑的操作系统，选择操作系统默认支持可以显示的格式。比如，在 Windows 系统中可以将图像文件保存为 BMP 格式，而在 MacOS 系统中则可以将图像文件保存为 TIFF 格式。

Ps

第 2 章　图层——深析图像的"层次"

　　我们处理图像时充满变数，如果需要改动图像的某个部分，有时必须重新作图。但这一问题在使用 PS 时却可以轻松解决，这就会涉及我们这一章要学习的内容——图层。

我们处理图像时可能会遇到这样的问题：若要改变图 2-1 所示画面上方的白色圆形的位置，通常的操作是创建一个符合圆形大小的选区，使用移动工具拖动上方的图形，得到图 2-2 所示的画面。

但这时我们会发现，圆形原来所在的位置出现马赛克图案，这是因为原位置的图像已移动到别处。其根本原因在于，这幅图中所有的像素都是在同一个图层中，圆形被移动之后，它下面没有像素来填补空缺了。这就相当于把纸挖走一块，将其移动到另一个地方后，被挖处一定会留下空缺一样。

不过，如果我们使用 PS 中的图层功能，将黑色背景与白色圆形分为两个图层，那么无论白色圆形在背景中如何移动，都不会出现背景缺一块的情况，如图 2-3 所示。

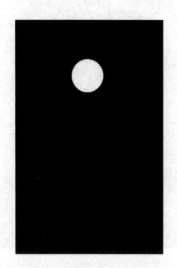

图 2-1

图 2-2

图 2-3

2.1 认识图层

图层是在 PS 中进行操作的重要载体，利用好图层可以很好地解决许多图像的层级关系问题。

2.1.1 什么是图层

通俗地讲，图层就像是印有文字或图形的透明图片，把它们一张张按顺序叠放后会形成新的图像。每一个图层就好似一个画板，我们可以在这些画板上作画。当每个画板中都有了不同的内容时，将它们叠放起来，随后从垂直角度去看它，看到的就是所有画板叠放在一起的整体效果。

比如，我们画素描人像，先画轮廓，再画五官，最后画背景，画完后发现人像的脸歪了，那么只能把脸部及周边都擦掉来修改，并且还需补充其他细节，如头发、阴影等。但假如我们把轮廓、五官、背景、头发、阴影分别画在一张张纸上，然后沿着每一张画的边缘裁剪，之后叠加，最终的视觉效果与前者几乎是一致的。但这样一来我们就可以单独修改，当脸部出现问题时，只修改脸部所在的那一张纸就可以了。这种方式可以让后期修改更加方便，避免做重复的工作。用下面的例子来进行说明。

比如，我们使用图层之后，可以将圆形与背景分离，将它们存放在不同的图层上，如图 2-4 所示，这样移动圆形的时候就不会对背景造成破坏，所对应的图层面板也不再是单一的背景图层了。

图 2-4

2.1.2 新建图层

创建新的空白层方法非常简单。首先，在 PS 的初始界面上单击"新建"，如图 2-5所示，就会创建一个新的 PS 文件。如果新建画布时背景内容选择白色或其他背景颜色，则新图像将具有背景层，并带有"锁头"符号，如图 2-6 所示。

图 2-5

如果新建画布时背景内容选择透明，如图 2-7 所示，则会出现命名为"图层 1"的图层，如图 2-8 所示。

图 2-6

图 2-7

图 2-8

若需新建图层，可执行"图层" >
"新建" > "图层"命令，如图 2-9 所示，
或使用快捷键"Shift+Ctrl+N"。

图 2-9

也可以直接在图层面板上点击"创建
新图层"按钮，如图 2-10 所示。

图 2-10

通过以上两种方法新建的图层都是透
明的普通图层。我们还可以通过文字工具
新建文字图层。只需在工具箱中找到文字
工具，如图 2-11 所示，或直接按快捷键
"T"（在英文输入状态下）。

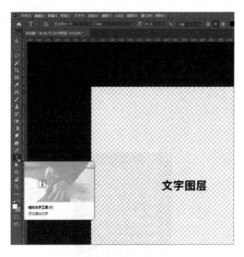

图 2-11

随后在画布中单击鼠标左键并输入文
字，图层界面就会自动建立文字图层，如
图 2-12 所示。

图 2-12

2.1.3 选择图层

通常一个 PS 文件内会有许多个图层，查找起来比较麻烦。那么如何快速对图层进行选择呢？主要有以下几种方法。

（1）直接选择图层。

如果图层较少，可以直接在右侧图层面板中点击要寻找的图层，如图 2-13 所示。

图 2-13

（2）自动选择图层。

选择移动工具或按快捷键"V"（在英文输入状态下），在工具属性栏中勾选"自动选择"和"图层"，如图 2-14 所示。

图 2-14

设置之后，使用鼠标左键点击画布中的对象即可直接选中对应图层。

（3）鼠标右键选择图。

在画布中单击鼠标右键，会出现如图 2-15 所示的界面，单击图层名称，即可选择对应的图层。

图 2-15

（4）利用快捷键选择图层。

我们可以利用快捷键全选和选择数个相连或不相连的图层。

使用快捷键"Ctrl+Alt+A"即可选中所有图层（包括已经锁定的图层），如图 2-16 所示。

图 2-16

按住"Ctrl"键，用鼠标左键单击图层面板内的图层，即可选择相对应的多个不相连图层，如图 2-17 所示。

图 2-17

按住"Shift"键，用鼠标左键单击图层面板中准备选择的图层的第一张和最后一张即可选中这两个图层以及中间部分的所有图层，如图 2-18 所示。

图 2-18

2.1.4 复制图层

在使用 PS 的过程中，复制图层也是常见的操作，学会快速复制图层能为我们处理图像节省很多时间。下面来学习 4 种复制图层的快捷方法。

（1）在图层面板中选中要复制的图层并单击鼠标右键，选择"复制图层"，如图 2-19 所示。

图 2-19

点击后，界面中会弹出"复制图层"对话框，在对话框中可自定义新图层的名称及图层所属文档，最后点击"确定"，如图 2-20 所示。

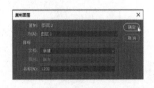

图 2-20

（2）在工具箱中选择移动工具，或使用快捷键"V"（在英文输入状态下）。随后按住"Alt"键，单击鼠标左键并拖动画布中需要复制的图层即可完成复制操作。通过上述操作，如图 2-21 中所示，"1973 年"被复制到文档右侧。

图 2-21

如果要锁定水平、垂直或者 45°角移动复制，可以同时按住"Shift+Alt"键，快速拖动画布中需要复制的图层，即可水平、垂直或者 45°角复制、移动图层。通过上述操作，如图 2-22 所示，"1973 年"被水平复制到文档右侧。

图 2-22

（3）执行"图层" > "新建" > "通过拷贝的图层"命令，如图 2-23 所示，同样也可以复制图层。

图 2-23

（4）在图层面板中选择要复制的图层，使用快捷键"Ctrl+J"即可复制选中的图层。

2.1.5 删除图层

我们在处理图像的过程中可能会发现有一些图层是多余的，这时我们可以将它们删除。删除的方式有以下几种。

（1）选中要删除的图层，如图 2-24 所示，按"Delete"键或"Backspace"键即可删除，这也是最快捷的方式。

图 2-24

（2）在图层面板中点击鼠标左键选中要删除的图层，将它拖拽到删除按钮处，如图 2-25 所示，松开鼠标即可将其删除。

图 2-25

（3）用鼠标右键单击要删除的图层，在弹出的菜单栏中选中"删除图层"，如图 2-26 所示，即可删除。

图 2-26

Tips　在实际操作中，建议大家不要随意删除图层，而是可以用鼠标左键单击图层面板中该图层的"眼睛"标识将图层隐藏。"隐藏"和"删除"功能在画面中呈现的效果是一样的，"隐藏"功能可以更大程度地保留编辑的灵活性。

2.2 图层之间的关系

在前文中，我们对图层应用及其基本操作有了初步了解，但如何利用图层来更好地处理图像呢？接下来，我们将进一步了解图层与图层之间的关系。

2.2.1 改变图层层级

图层在面板中存在层级关系，图层位置越靠下，图层的层级越低。在图层面板中位置靠上的图层内容会遮挡住位置靠下的图层内容。要改变图层层级，我们只需在图层面板中选中要改变层级的图层，按住鼠标左键，向上或向下将其拖拽到合适的位置，被拖拽的图层可以插在任意两个图层之间，如图 2-27 所示。

图 2-28 中有红、黄、蓝三个颜色的圆，由于图层顺序的缘故，蓝圆遮挡部分黄圆，黄圆遮挡部分红圆。

图 2-27

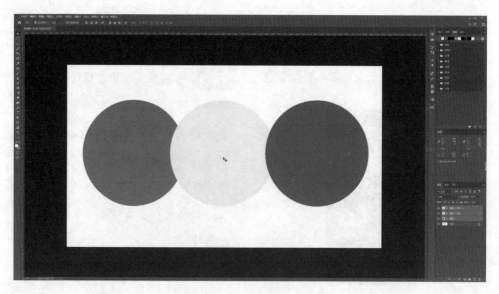

图 2-28

如果将红圆的图层拖拽到最上面，其他图层不变，那么画面就会变成图 2-29 所示的样子，红圆与黄圆重叠的部分变成了红色，红圆遮挡了部分黄圆。

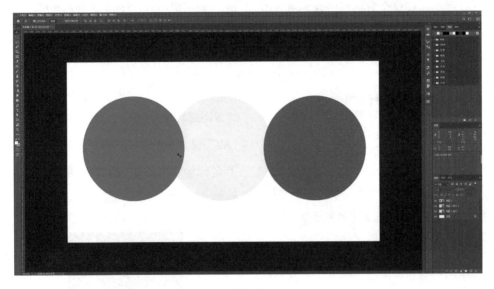

图 2-29

除了通过拖拽改变图层顺序外，还可以在图层面板中选中要排列的图层，随后通过执行"图层"＞"排列"命令，并在其后的下拉菜单中选择需要的排列模式来改变顺序，如图 2-30 所示。

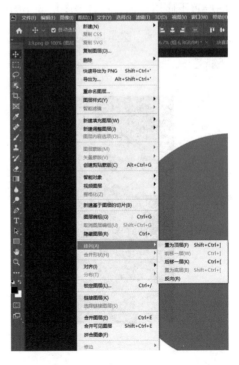

图 2-30

其中，"前移一层""后移一层"的意思是把图层的层级进行上下移动。如图2-31所示，在这个对话框中我们可以看到"置为顶层""前移一层""后移一层""置为底层"和"反向"选项。

图 2-31

另外，使用快捷键"Shift+Ctrl +]"，可将图层移到所有图层中的最上面，即置为顶层；使用快捷键"Shift+Ctrl+["，可将图层移到所有图层中的最下面，即置为底层。但是由于背景图层的存在，即便将图层置于底层，也会在背景图层的上方，如图2-32所示。这是因为背景图层有以下特性。

图 2-32

（1）背景图层位于最底部，层次不能改变，且不能改变它的不透明度。

（2）普通图层可以合并成为背景图层，背景图层也可以转化成普通图层。

（3）一幅图像只有一个背景图层，但它并不是必须存在的。

如果要对背景图层进行操作，需将背景图层转为普通图层。转化方法是按住"Alt"键，双击背景图层，会发现它变成了名称为"图层0"的普通图层，如图2-33所示。

图 2-33

2.2.2 改变图层的不透明度

图层的应用非常灵活，在处理图片的过程中，将两幅或两幅以上的图片互相叠加形成新的图片，也是我们在应用中实现多种视觉特效的方式之一。如在表达光影、塑料、玻璃材质等时，常常会通过调整纯色图层的不透明度来做出效果。图 2-34 是一张场景插画，可以看到画面中存在光影，如果想把光影突显得更强烈一些，那么通过调整图层的不透明度就很容易实现。

　　首先，执行"新建空白图层"，然后用多边形套索工具建立选区（选区形状按光线形状绘制），如图 2-35 所示。

图 2-34

图 2-35

　　建立选区后，使用快捷键"Alt+Backspace"在选区中填充前景色。在本案例中我们的前景色为白色，如图 2-36 所示。

图 2-36

在选区内填充颜色后，按快捷键"Ctrl+D"取消选区。

然后使用相同的方法，建立多条光线形状的选区，再用快捷键"Ctrl+T"对绘制出的图形进行变换，结果如图 2-37 所示。

图 2-37

图层面板中新建图层的像素为 100% 不透明，如图 2-38 所示，这样图层之间是不存在重叠效果的，光线完全挡住了原图。

当各图层处于半透明（即不透明度低于 100%）时，图层内容之间的重叠区域就会呈现出色彩重叠的效果。改变不透明度数值直至达到合适的透明度，光线就变得透明了，如图 2-39 所示。

图 2-38

图 2-39

随后我们将图层 1、图层 2、图层 3 全部选中，点击图层面板中的"创建新组"按钮，如图 2-40 所示，或使用快捷键"Ctrl+G"。

创建"组 1"后，点击图层面板下方的"添加图层蒙版"按钮，得到一个带有蒙版的图层组，如图 2-41 所示。

在工具箱选择画笔工具，在工具属性栏选择"常规画笔"＞"柔边圆"画笔模式，如图 2-42 所示。

图 2-40

图 2-41

图 2-42

接下来将画笔颜色选为黑色，随后选中"组1"蒙版，在图片中的光线边缘进行涂抹，从而实现弱化光线边缘，让效果更逼真，如图2-43所示。最终的光影效果如图2-44所示。

图 2-43

图 2-44

具体的效果与操作视个人喜好或客户要求而定，没有统一的标准。利用图层的重叠，通过简单的几步操作就能够完成图片中的光影效果，这使我们处理图像更便捷。

常有人把"不透明度"与其下方的"填充"（如图2-45所示）混淆，实际上它们是有区别的。下面来举例说明。首先，在空白图层上画一个圆，填充颜色并复制两次，得到三个圆后，将这三个圆分别命名为"1""2""3"，如图2-46所示。

图 2-45

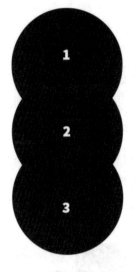

图 2-46

再分别更改图层的"不透明度"和"填充"数值。将"1"的不透明度改为50%，将"2"的填充数值改为50%，将"3"的两项数值均改为50%。

如此操作后，如图 2-47 所示，我们可以发现"1"和"2"改完数值后视觉效果是一样的，而"3"的颜色更浅（看重叠处则更为明显），"1"和"2"的重叠处显然比"2"和"3"重叠处的颜色更深。由此可见，"不透明度"和"填充"是有区别的。

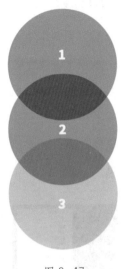

图 2-47

两者的区别在于：不透明度的调整针对的是所有图层，包括当前选中图层中的图层样式。当把不透明度设置为 50%时，包括图层样式在内的整个图层都将变为 50%的不透明度。而填充的调整仅对图层自身的透明度起作用，图层样式（如描边、投影、斜面浮雕等）丝毫不受其影响。

2.3 图层的进阶操作

利用图层之间的关系来处理图像无疑是十分便捷的，但要具体处理图像光凭这些内容还远远不够，接下来我们将学习图层的进阶操作。

2.3.1 合并图层

除了将图像分层制作外，我们也会用到合并图层，通俗来讲就是把几个图层合并为一个图层。具体操作如下。

在图层面板中选中一个图层，比如图层 2，单击鼠标右键，在弹出的列表中选择"向下合并"，如图 2-48 所示。

图 2-48

这时所选择的图层会与下方第一个图层进行合并，并且新合成的图层名称与

标记都自动默认为原下方图层的，如图 2-49 所示。

图 2-49

在图 2-48 的列表中还可以看到"合并可见图层"和"拼合图像"选项。其中，"合并可见图层"是指将所有"眼睛"标识打开的图层全部合并为一个图层。如图 2-50 所示，我们选择"typo"图层进行该操作，则最后合并的图层名称为"typo"，如图 2-51 所示。

图 2-50

图 2-51

"拼合图像"则是指将所有的图层合并为背景图层或最下方图层，如果这时有隐藏的图层，则会出现如图 2-52 所示的警告框。单击"确定"按钮，则处在隐藏状态的图层会被直接丢弃，最后合并的图层名称则是背景图层或最下方图层的名称，如图 2-53 所示。

图 2-52

图 2-53

我们还可以通过快捷键"Ctrl+E"来实现图层的合并：在选中单个图层的情况下，利用该快捷键可合并下方图层；在选中多个图层的情况下，利用该快捷键可将所选图层合并为一层，图层合并后的名称是合并前位于最上方图层的名称。

2.3.2 对齐图层

基于图像处理的需要，我们经常要将一些图层排列在同一水平线或垂直线上，这时对齐功能就派上用场了。

首先，我们将图层面板中需要对齐的图层选中，然后点击工具箱的移动工具，这时我们可以看到工具属性栏出现了对齐方式。然后点击需要的对齐方式按钮即可。对齐方式选项可以分成两类，即"对齐"与"分布"，如图 2-54 所示。

图 2-54

对齐功能分为 6 种，即左对齐、水平居中对齐、右对齐、顶对齐、垂直居中对齐和底对齐。下面以图 2-55 中所显示的图形为例来讲解对齐功能。

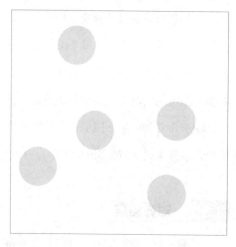

图 2-55

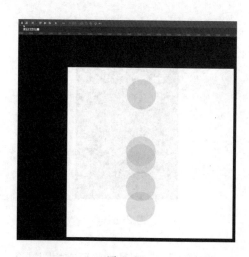

图 2-57

（1）左对齐：所有图层都移动到以位于画布中最左侧位置的图层为基准的垂直线位置，如图 2-56 所示。

（3）右对齐：与左对齐相反，如图 2-58 所示。

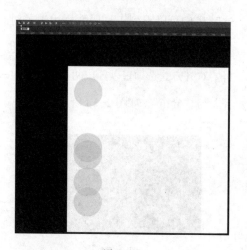

图 2-56

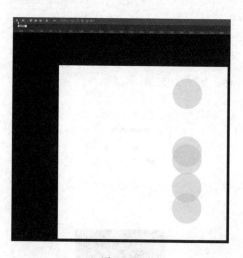

图 2-58

（2）水平居中对齐：以散布在画布中的所有图层的水平中心轴为中心，使所有图层与水平中心轴对齐，如图 2-57 所示。

（4）顶对齐：所有图层都移动到以位于画布中最高位置的图层为基准的水平线位置，不管其他图层的位置在哪，执行顶对齐后，其高度都与最高图层保持一致，如图 2-59 所示。

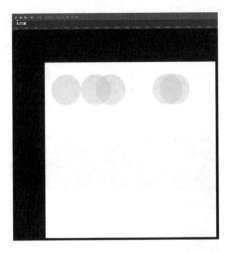

图 2-59

（5）垂直居中对齐：以散布在画布中的所有图层的垂直中心轴为中心，所有图层与垂直中心轴对齐，如图 2-60 所示。

图 2-60

（6）底对齐：与顶对齐相反，执行该操作后，所有图层都移动到以位于画布中最低位置的图层为基准的水平线位置，如图 2-61 所示。

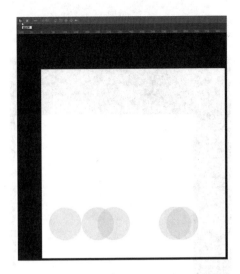

图 2-61

分布功能也分为 6 种，分别是按顶分布、垂直居中分布、按底分布、按左分布、水平居中分布和按右分布，接下来以图 2-62 中显示的方形为例来讲解。

图 2-62

（1）按顶分布：所有选中的对象，以最上方的图像的顶边像素和最下方的图像的顶边像素为准线，将它们的垂直距离几等分，如图 2-63 所示。

图 2-63

（2）垂直居中分布：所有选中的对象以各层图像的中心为准线，各准线之间的距离沿垂直方向均匀分布，如图 2-64 所示。

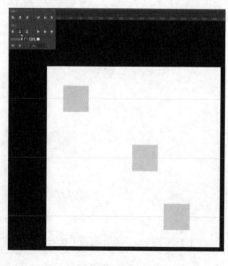

图 2-64

（3）按底分布：与按顶分布相反，所有选中的对象以各层图像的底部像素为准线，各准线之间距离相同，如图 2-65 所示。

图 2-65

（4）按左分布：所有选中的对象以各层图像的左边像素为准线，各准线之间距离相同，如图 2-66 所示。

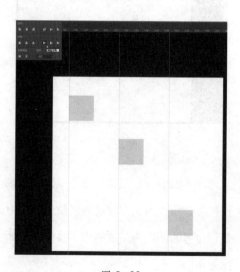

图 2-66

（5）水平居中分布：所有选中的对象以各层图像的中心为准线，在各准线之间的距离沿水平方向均匀分布，如图2-67所示。

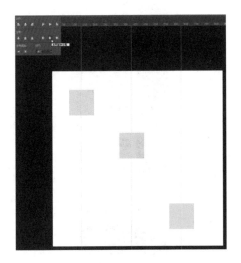

图 2-67

（6）按右分布：与按左分布相对应，以各层图像的右边像素为准线，各准线之间距离相同，如图2-68所示。

图 2-68

2.3.3 链接图层

PS 还有一个方便我们处理图层间关系的功能——"链接"，我们可以利用该功能将几个图层绑定在一起同时操作。

长按"Ctrl"键，并选择想要链接在一起的图层，单击鼠标右键，选择"链接图层"（如图2-69所示）即可绑定图层。

图 2-69

建立链接后，选中处于链接中的任何一个图层，其他处于此链接中的图层也会在图层面板中显示出链接标志，如图2-70所示；而选中未处于链接中的图层，则不会显示链接标志，如图2-71所示。

图 2-70

图 2-71

此时，移动被链接的任何一个图层，其他被链接的图层也都会随之移动。

假如制图过程中不再需要图层链接，或要修改其中的链接图层，又该如何操作呢？长按"Ctrl"键，选中要取消链接的图层，单击鼠标右键选择"取消图层链接"即可，如图 2-72 所示。

图 2-72

Tips 要注意的是，一个图层只会存在于一组链接中。另外，对单个图层所进行的操作无法对链接中的其他图层进行更改，如改变色相、绘图、填充、复制图层等。

2.3.4 栅格化图层

当我们对文字图层进行编辑与修改时，常常会出现如图 2-73 所示的提示框。提示框里的"图层栅格化"是什么意思呢？为什么要将图层进行栅格化呢？

图 2-73

栅格化，即"图像像素化"，就是把矢量图转化为点阵图，栅格化后的文字图层会转换为普通图层，如图 2-74 所示。

图 2-74

具体操作：在未栅格化的文字图层上单击鼠标右键，选择"栅格化文字"，如图 2-75 所示。

图 2-75

未栅格化的文字是可以编辑的，如调整字体、颜色、大小等，如图 2-76 所示。而栅格化后，文字无法通过文字工具进行更改，不过可以通过处理图像的工具，如画笔工具进行更改和处理，如图 2-77 所示。

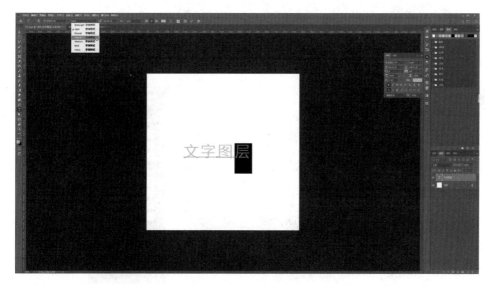

图 2-76

图 2-77

Tips 既然文字图层在栅格化之前可以被更改，那么为什么要将它栅格化呢？原因是矢量图和点阵图的处理方法不同，要想使用点阵图的处理方法来处理图像，就必须将图像进行栅格化。在 PS 中，未栅格化的文字可以调整字符大小、颜色等，但是不能使用滤镜、渐变及其他 PS 属性功能。为了做出一些理想效果，就必须将文字图层进行栅格化。

2.3.5 锁定图层

我们在使用 PS 处理图像时，常会看到图层有小锁头标志，如图 2-78 所示，这代表此图层已经被锁定。图层被锁定后，图层中的图像位置就不能再移动，许多操作都无效了。

图 2-78

早期，锁定功能常用来防止设计者误操作，而现在新的 PS 版本有了历史记录功能，锁定功能就变得不太常用了，不过在新建画布时常会在背景层上看到此标识。锁定图层的操作为：选中要锁定的图层，用鼠标左键单击图层面板中的锁定标识即可，如图 2-79 所示。

图 2-79

解锁图层也十分简单：选中已锁定的图层后，鼠标左键单击图层面板中的锁定标识；或者单击图层名称后的锁头标识，如图 2-80 所示。

图 2-80

2.3.6 建立图层组

我们在处理图像时，若图层的数量很多的情况下，要逐个查找会很不方便。虽然可以使用名称搜索来查找图层，但实际操作起来还是比较麻烦，而图层组的出现就很好地解决了这个问题。图层组是将多个图层归为一个组，可以根据功能、性质等给组命名。当需要编辑某个图层时就打开这个组，随后就可以对组内图层进行操作。我们只需要单击图层面板中的"创建新组"按钮即可，如图 2-81 所示。

图 2-81

也可以点击图层面板右上角的按钮，选择"新建组"，如图 2-82 所示。

图 2-82

创建组之前选中了哪个图层，新建的组就位于哪个图层上方。若没有选中图层，新建的组则会位于图层面板的顶部。新建图层组默认为展开状态，点击图层组左侧的向下箭头，如图 2-83 所示，可以改变它的状态。

图 2-83

将多个图层放入图层组的方法也非常简单。长按"Ctrl"键，用鼠标左键单击选中图层面板中要加入组的图层，然后按

住鼠标左键将图层拖动到图层组中，如图 2-84 和图 2-85 所示。

图 2-84　　　　　　图 2-85

如果要将图层移出图层组，可以直接将要移出的图层拖出图层组，如图 2-86 和图 2-87 所示。

图 2-86　　　　　　图 2-87

如果需要修改图层组的名称，直接双击组的名称进行修改即可，如图 2-88 所示。

图 2-88

2.4 图层混合模式

图层的"混合模式"指的是当前图层中的像素与其下方图层中像素的颜色混合方式。

图层混合模式的用途非常广泛，Adobe 公司的多个软件都有这个功能。了解混合模式之前，我们必须明确"基色""混合色"和"结果色"这几个概念，这样更有利于深入了解其含义。从本质上讲，"混合模式"是一种运算过程。即从基色加混合色到结果色的过程，要处理的图像的颜色是基色，混合图层的颜色为混合色，选择了混合模式后所呈现的颜色为结果色。

打开 PS，在图层面板中新建一个空白图层并填充颜色，然后置入图片，如图 2-89 所示。

图 2-89

点击混合模式选项的下拉按钮（如图 2-90 所示），在下拉列表中有多种混合模式，共分为 6 个组（如图 2-91 所示），包括组合模式组、加深模式组、减淡模式组、对比模式组、比较模式组和色彩模式组，接下来我们通过案例对每个组分别进行讲解。

图 2-90   图 2-91

2.4.1 组合模式组

"组合"模式组有两个混合模式，分别为"正常"和"溶解"。

（1）"正常"模式：编辑或绘制每个像素以使其成为结果色，这也是 PS 中的默认模式。混合色的显示取决于不透明度。当不透明度为 100% 时，也就是说完全不透明时，只显示混合色的颜色；当不透明度小于 100% 时，显示的颜色取决于不透明度的值和基色的颜色。

首先，我们新建一个空白图层，填充任意填充色，为了更清晰地看到效果，我们新建一个色彩比较重的渐变图层作为混合色。当图层混合模式默认为"正常"模式，且图层不透明度为 100% 时，效果如图 2-92 所示。

调整图层的不透明度，当数值调整为 50% 时，上下图层结合产生的颜色效果如图 2-93 所示。

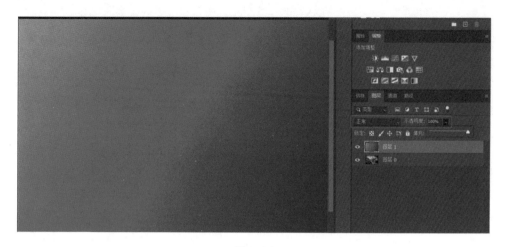

图 2-92

图 2-93

（2）"溶解"模式：选中该模式时，将图层的不透明度降为50%，可以让混合图层上的像素离散，产生点状颗粒，如图2-94所示。颗粒效果强弱取决于图像像素的不透明度。不透明度越低，颗粒数量越多，颗粒之间的间隙越小；不透明度越高，颗粒数量越少，颗粒之间的间隙越大。

图 2-94

这种模式下图层的不透明度越低，像素点越分散，如图 2-95 所示。

图 2-95

加深模式组

加深模式组的 5 个混合模式为"变暗""正片叠底""颜色加深""线性加深"和"深色"。

（1）"变暗"模式：查看每个通道中的颜色信息，然后选择基色或混合色中较暗的颜色作为结果色。比混合色亮的像素将被替换，比混合色暗的像素将保持不变。

在此模式下，将填充层的不透明度恢复到 100%，上下图层结合产生的颜色效果如

图 2-96 所示。通过比较,可以发现下方图层中较亮的像素被上方图层中较暗的像素覆盖。画布上显示的图像的亮度与上方图层像素的亮度保持一致。

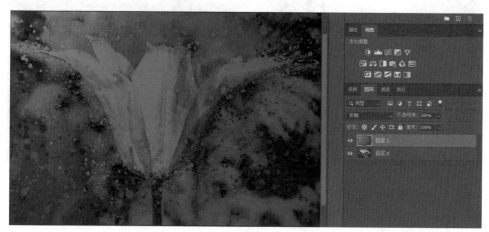

图 2-96

上方图层的透明度越低,则变暗效果越不明显。比如将填充层的不透明度设置为50%,其最终结果如图 2-97 所示,会比图 2-96 的颜色明亮得多。

图 2-97

另外,在"变暗"模式下,任意图层与白色图层混合不会产生任何变化。混合白色图层后的效果如图 2-98 所示,对比图 2-89 可以看出其颜色、亮度未发生任何变化。

图 2-98

（2）"正片叠底"模式：查看每个通道中的颜色信息，并对基色和混合色进行正片叠底操作，如图 2-99 所示，所得的颜色始终是较暗的。任何颜色和黑色混合都会变成黑色，与白色混合则不会产生任何变化。

图 2-99

"正片叠底"模式与"变暗"模式相似，上方图层透明度越低，则"叠底"效果越不明显。不透明度设置为 50% 时的颜色效果如图 2-100 所示，比图 2-99 的颜色更鲜亮。

图 2-100

（3）"颜色加深"模式：该模式产生的效果与"正片叠底"模式下的效果相似，不过它是通过增强对比度的方式来加深深色区域的颜色，如图 2-101 所示。比起"正片叠底"模式，该模式令画布中图像的颜色深浅对比更加强烈，与白色图层混合不发生变化。

图 2-101

（4）"线性加深"模式：通过查看每个通道中的颜色信息，降低亮度从而使基色变暗，以反映混合色。观察图 2-102 可知，与前两种模式相比，"线性加深"模式去掉了下方图层更多的颜色信息。在该模式下，混合色与白色混合不会发生变化。

图 2-102

（5）"深色"模式：通过比较上下两个图层的所有通道数值的总和，显示两个图层中数值较小的颜色，如图 2-103 所示。

图 2-103

> **Tips** 通过实例我们发现，加深模式组可以使混合图层的白色像素被下层更暗的像素所替代，从而产生变暗的效果。

减淡模式组

减淡模式组的 5 个混合模式为"变亮""滤色""颜色减淡""线性减淡（添加）"和"浅色"。

（1）"变亮"模式：选择基色或混合色中较亮的颜色作为结果色，替换比混合色暗的像素，而比原混合色亮的像素保持不变，如图 2-104 所示。

图 2-104

（2）"滤色"模式：与"正片叠底"模式的效果刚好相反，在该混合模式下，图层内的像素与黑色混合时保持不变，与白色混合时产生"漂白"效果，结果色总是较亮的颜色，如图 2-105 所示。在画布上显示的图像效果与多个影像的幻灯片互相投影一样。

图 2-105

（3）"颜色减淡"模式：通过降低上下图层之间的对比度使基色变亮，以反映出混合色，如图 2-106 所示。与黑色混合则不发生变化。

图 2-106

（4）"线性减淡（添加）"模式：通过增加亮度来减淡颜色，如图 2-107 所示。与黑色混合时不会发生变化。"线性减淡（添加）"模式的增亮效果比"滤色"模式和"颜色减淡"模式更强，如图 2-107 所示。

图 2-107

（5）"浅色"模式：如图 2-108 所示，比较混合色和基色的所有通道值的总和，并显示数值较大的颜色。"浅色"模式不会生成第三种颜色，因为它是从基色和混合色中选择通道值大的颜色作为结果的。

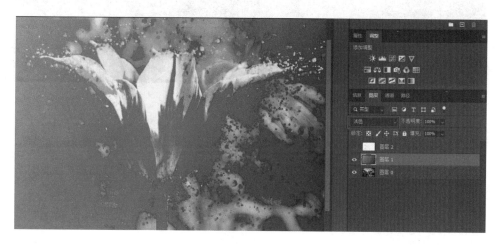

图 2-108

Tips 我们可以发现，减淡模式组中的混合模式可以使图像中的深色像素被较亮的像素替换，产生变亮效果，与加深模式组刚好相反。

2.4.4 对比模式组

对比模式组的 7 个混合模式为"叠加""柔光""强光""亮光""线性光""点光"和"实色混合"。

（1）"叠加"模式：根据底图的色彩进行运算来决定最终效果，通常发生变化的都是中间色调，而亮色和暗色区域基本不变。这种情况下底层颜色的高光与阴影的细节部分会被保留，如图 2-109 所示。

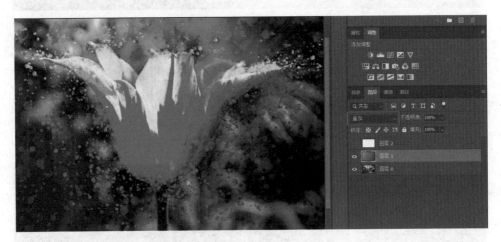

图 2-109

（2）"柔光"模式：最上层图层中的颜色决定图像最终呈现的效果是变亮还是变暗，效果如图 2-110 所示。所呈现的效果就好像用聚光灯打光一样，因此常应用于照片后期的处理。

图 2-110

（3）"强光"模式：对颜色进行过滤，当上层图层的颜色亮度高于 50% 灰色时，图像会变得更亮，如图 2-111 所示。

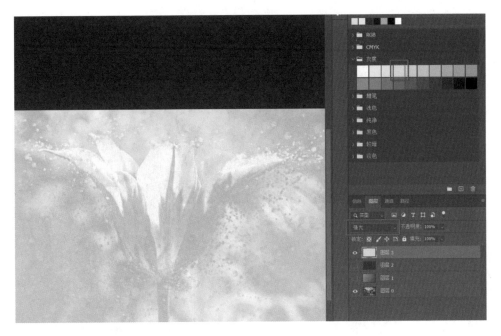

图 2-111

当亮度低于 50% 灰色时，则图像会变暗，混合效果与"正片叠底"模式类似，如图 2-112 所示。

图 2-112

（4）"亮光"模式：通过增加或降低对比度来使颜色变暗或变亮。如果混合色比50%灰色亮，则通过降低对比度来使图像变亮，如图 2-113 所示。

图 2-113

如果混合色比 50% 灰色暗，则通过增加对比度使图像变暗，如图 2-114 所示。

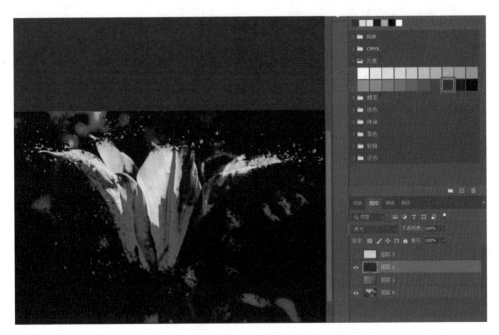

图 2-114

（5）"线性光"模式：如图 2-115 所示，通过增加或减少亮度来增强或减淡颜色，具体取决于上层图层的颜色。当图层颜色比 50% 灰色亮时，图像变亮；反之，则图像变暗。

图 2-115

（6）"点光"模式：如图 2-116 所示，根据混合色来替换颜色。如果混合色比 50%
灰色浅，则将替换比混合色暗的像素，而不会更改比混合色亮的像素；如果混合色比
50% 灰色深，则替换比混合色亮的像素，而比混合色深的像素保持不变。此模式可以
用于为图像添加特殊效果。

图 2-116

（7）"实色混合"模式：是指将混合色的 RGB 红色、绿色和蓝色的通道值，添加
到基色的 RGB 值中。如图 2-117 所示，应用这一模式可以增加图像的饱和度，从而产
生色调分离的效果。

图 2-117

对于 CMYK 图像（即印刷色彩模式下的图像），"实色混合"模式会将所有像素更改为主要的减色（青色、黄色或洋红色）、白色或黑色。

> **Tips** 通过示例，我们发现对比模式组通过更改图像中的灰度值以增强图像中明暗之间的差异，以此来加深或减淡基础图像。

2.4.5 比较模式组

比较模式组的 4 个混合模式为"差值""排除""减去"和"划分"。

（1）"差值"模式：指上层图像与白色混合会反转底层图像的颜色，与黑色混合不产生变化，以白色图层为混合色的图片效果如图 2-118 所示。

图 2-118

（2）"排除"模式：产生的效果与"差值"模式的效果类似，但对比度会稍弱一些，与黑色混合不产生变化，如图 2-119 所示。

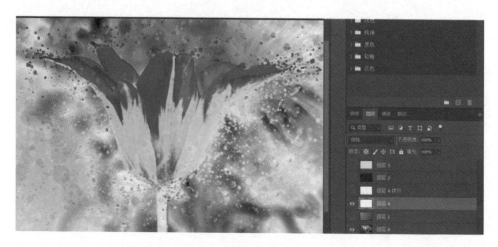

图 2-119

（3）"减去"模式：目标通道中相应的像素减去源通道中的像素，与底层相同的颜色混合后会得到黑色，如图 2-120 所示。

图 2-120

（4）"划分"模式：比较每个通道中的颜色信息，再从基色中划分混合色，如图 2-121 所示。

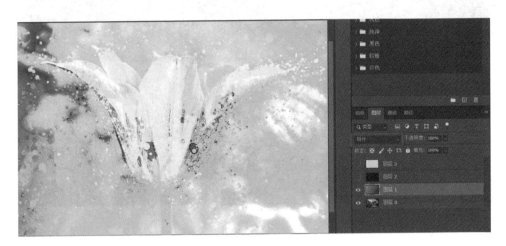

图 2-121

> **Tips** 通过实例我们发现，比较模式组可以对比当前图像与下层图像的颜色差别，颜色相同的区域显示为黑色，颜色不同的区域显示为灰色或彩色。

2.4.6 色彩模式组

色彩模式组的 4 个混合模式为"色相""饱和度""颜色"和"明度"。

（1）"色相"模式：可改变底层图像的色相，但不会影响其亮度和饱和度，如图 2-122 所示。

图 2-122

但在上层图层为白色图层、黑色图层或灰色图层的情况下，画布中的图像只会变为黑白色，无论上层图层的灰度是高还是低，都不会产生其他变化，如图 2-123 和图 2-124 所示。

图 2-123

图 2-124

（2）"饱和度"模式：上方图层的饱和度会被自动加在下方图层之中，并改变画布中图像的饱和度，但是下方图层的明度和色相不受影响，如图2-125所示。

图 2-125

（3）"颜色"模式：上方图层的色相和饱和度将应用于下方图层，如图2-126所示。此模式可以保留图像中的灰度，这对于给单色图像和彩色图像着色非常有用。

图 2-126

（4）"明度"模式：可以将上方图层的色相与饱和度应用到下方图层中，如图 2-127 所示，并且不改变下方图层的明度。

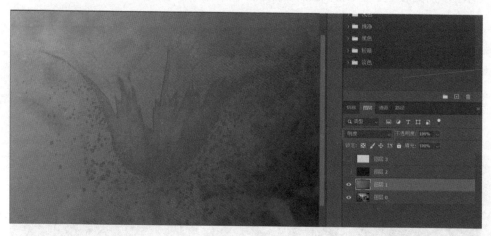

图 2-127

> **Tips** 色彩模式组可以自动识别色彩三要素（色相、饱和度和亮度）的内容，然后将三要素中的一种或两种应用在图像中。在实际操作中，我们经常会把多种混合模式组合使用，以达到想要的效果。

Ps

　　要想得到一幅出色的风光类照片，不仅需要前期拍好，还需要在后期对照片中的不足之处进行修饰，通过修饰，将照片所表达的氛围与情绪更好地传达给观者。本章将讲解如何利用 PS 使风光类照片大放异彩。

3.1 图片明暗的调整

利用 PS 调节图片的明暗度可以通过图层面板中的"创建新的填充或调整图层"来实现，如图 3-1 所示。

图 3-2

图 3-1

也可以通过执行"图像">"调整"菜单命令来进行，如图 3-2 所示。

3.1.1 曝光度

曝光度，简单来说就是画面的明暗程度，它使用了摄影曝光的表现形式，相当于相机设定里的曝光补偿。设置曝光度的操作为：执行"图像">"调整">"曝光度"菜单命令，如图 3-3 所示。

图 3-3

在弹出的"曝光度"对话框中点击"预设"后的下拉按钮，出现了如图 3-4 所示的四种曝光效果，可以一键套用。

"曝光度"对话框中的"位移"主要对图像的中间调和阴影起作用，对高光基本不产生作用。图 3-5、图 3-6 和图 3-7 分别为位移为 0、位移为 −0.15、位移为 0.15 时的效果。

图 3-4

图 3-5

图 3-6

图 3-7

"曝光度"对话框中的"灰度系数校正"选项，可以加深或减淡图像的灰色部分，图 3-8、图 3-9 和图 3-10 分别为不同灰度系数下的效果。

图 3-8

图 3-9

图 3-10

　　图 3-11、图 3-12 和图 3-13 为不同曝光度下图片的亮度情况。曝光度越高，图像
越亮；反之，图像越暗。

图 3-11

图 3-12

图 3-13

亮度 / 对比度

亮度，即图像的亮度。亮度值越高，图像越亮；反之图像越暗。对比度，是指对图像中最亮的白色和最暗的黑色之间不同亮度层级的测量。差异范围越大，对比度越大；差异范围越小，对比度越小。对比度常用来校正偏灰（对比度较低）的图像，增强对比度可使图像更抢眼，降低对比度可使图像更柔和。执行"图像" > "调整" > "亮度 / 对比度"菜单命令，如图 3-14 所示对话框。

图 3-14

图 3-15、图 3-16 和图 3-17 为不同亮度下图像呈现的效果。

图 3-15

图 3-16

图 3-17

图 3-18、图 3-19 和图 3-20 为不同对比度下图像呈现的效果。

图 3-18

图 3-19

图 3-20

3.1.3 曲线

曲线工具是调整图片影调的常用工具之一，其他颜色调整工具也是由曲线工具衍生出来的。

为了让整张照片的明暗层次更加显而易见，我们先对照片进行去色操作。操作方法为：执行"图像">"调整">"去色"菜单命令，如图 3-21 所示，或直接使用快捷键"Shift+Ctrl+U"。

图 3-21

去色后的效果如图 3-22 所示。

图 3-22

随后执行"图像">"调整">"曲线"菜单命令，如图 3-23 所示，或使用快捷键"Ctrl+M"。

调出"曲线"对话框，如图 3-24 所示，为曲线初始状态。在默认情况下，曲线的形态是一条呈 45° 角倾斜的直线，直线上任意一点输入值和输出值相等，图像中的高光对应绝对亮度的高光（255），图像中的暗调对应绝对亮度的暗调（0）。

图 3-23

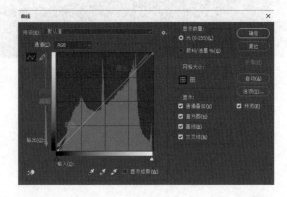

图 3-24

曲线在默认状态时，图片的明暗情况如图 3-25 所示。

图 3-25

如图 3-26 所示，在曲线上点击一下，设置一个锚点。用鼠标把锚点向左上角移动，呈现的是"上曲线"状态下图片的明暗状态，在该曲线上，输出值大于输入值，图像会变亮。

图 3-26

如图 3-27 所示，将锚点向右下角移动，呈现的是"下曲线"状态下图片的明暗状态，在该曲线上，输出值小于输入值，图像会变暗。

图 3-27

使用曲线工具不仅可以对整体图像进行调整，也可以单独对某一通道进行调整，如图 3-28 所示。

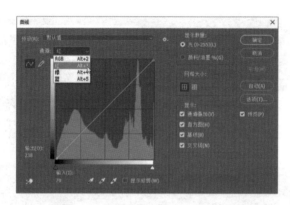

图 3-28

在单独通道中，曲线也分为高光、中间调和暗调。如果单独调整某一通道，将导致图像偏色。这时，我们在红色通道中，将锚点向右下角调，图像会呈现青色，如图 3-29 所示，因为此时红色减少，相应地，其互补色青色增多。

图 3-29

同样，蓝色减少，黄色就会增多；绿色减少，洋红色就会增多，如图 3-30 和图 3-31 所示。

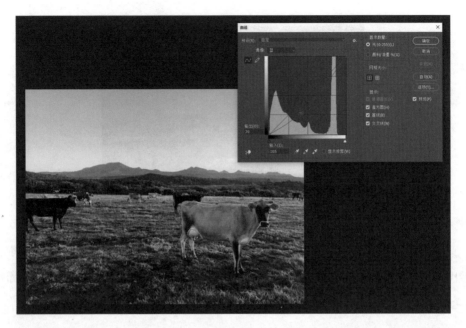

图 3-30

图 3-31

3.1.4 色阶

色阶调整工具属于基本色彩调整工具，它可以调整色光的强度。我们可以通过执行 "图像" > "调整" > "色阶" 命令来实现，如图 3-32 所示，或者直接使用快捷键 "Ctrl+L" 来调出 "色阶" 对话框。

图 3-32

色阶工具中有 5 个滑块及与其对应的数字框，如图 3-33 所示，其中 1、2、3 分别代表输入色阶的黑场、中间调、白场，4、5 分别代表输出色阶的黑场和白场。

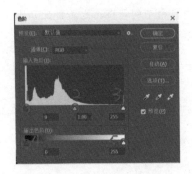

图 3-33

我们将白场设置为 176，如图 3-34 所示，可以看出图像明显变亮了一些。原理相当于将 176 之后的所有色阶合并为 255，所以图像会变亮。

图 3-34

同理，我们将黑场色阶调整到 34，会发现图像明显变暗，如图 3-35 所示。

图 3-35

另外，我们将中间的滑块往黑场处移动，图像会变亮，如图 3-36 所示，这是因为此时中间调到黑场的距离比到白场的距离近，相当于原本属于中间调的一部分像素被划分到了高光部分，导致图像变亮。

图 3-36

把中间的滑块往白场部分移动，图像会变暗，如图 3-37 所示，这是因为此时中间调到黑场的距离比到白场的距离远，相当于原本属于中间调的一部分像素被划分到了暗调部分，导致图像变暗。

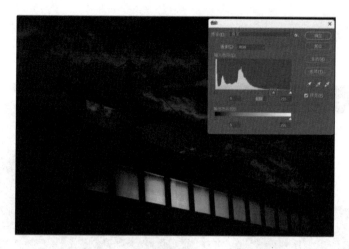

图 3-37

3.1.5 阴影 / 高光

执行"图像">"调整">"阴影 / 高光"命令,可调出"阴影 / 高光"对话框,如图 3-38 所示。

图 3-38

此工具主要用于解决数码照片过暗导致暗部细节缺失或过亮导致亮部细节不明确

的问题。阴影数量越大，阴影部分越亮。图 3-39 和图 3-40 显示了图像在不同阴影数量时的效果。

图 3-39

图 3-40

相反，高光是为了抑制画面过亮，高光数量越大，高光部分越暗。图 3-41 和图 3-42 为图像在不同高光数量时所呈现的效果。

图 3-41

图 3-42

3.2 图像色彩的调整

不同的色彩会给人不同的感受，传达不同的情绪。在本小节，我们将学习如何调整图像的色彩。

3.2.1 自然饱和度

"自然饱和度"可以检测画面中颜色的鲜艳程度，最大限度地使画面中各种颜色的鲜艳程度趋于一致。调出"自然饱和度"对话框，操作方法为：执行"图像"＞"调整"＞"自然饱和度"命令，如图 3-43 所示。

当"自然饱和度"滑块向右移动时，会为画面中比较淡的颜色优先增加其鲜艳程度，原本比较淡的天空的蓝色得到了加深，如图 3-44 所示。

图 3-43

图 3-44

当"自然饱和度"降为0时，图像也没有完全失去颜色，如图 3-45 所示，但之前比较鲜艳的颜色变淡了，本来较淡的颜色失去了色彩。

图 3-45

Tips 在为图像进行后期调色时我们常听到一句话："要想去色，必先予色。"在调色过程中，会涉及对某种颜色单独进行调节的情况，在把握图像整体颜色的前提下，运用好"自然饱和度"尤为重要。

3.2.2 色相 / 饱和度

饱和度与自然饱和度不同，它会一视同仁地增加或减弱图像中每种颜色的鲜艳程度，在"自然饱和度"对话框中可以对饱和度进行调整，如图 3-46 所示。

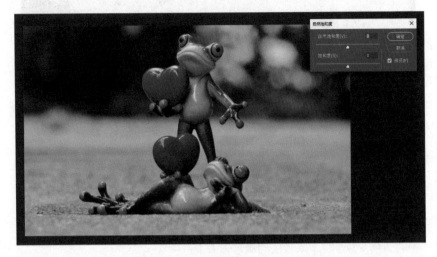

图 3-46

此外，执行"图像">"调整">"色相 / 饱和度"命令，如图 3-47 所示，或使用快捷键"Ctrl+U"，也可以调出"色相 / 饱和度"对话框。

图 3-47

我们向右拖动"饱和度"滑块，图像中最强、最弱的颜色都被增强，如图 3-48 所示。

图 3-48

我们将"饱和度"滑块拖到最左边，图像则失去了色彩，如图 3-49 所示。

图 3-49

Tips 提高饱和度会让照片变得更鲜艳，这在风光类照片调色中运用得较多。当然，有些摄影师也会根据自己对事物的理解调整图像色彩，以使观者更直观地理解图像的光影结构及主题。

拖动"色相"滑块，图像的整体色相将会随之调整，如图 3-50 所示。

图 3-50

向左拖动"明度"滑块，图像的明度则会降低，数值也会变为负数，如图 3-51 所示。

图 3-51

反之，向右拖动"明度"滑块，图像的明度将会提高，如图 3-52 所示。明度值为最低时，图像会变为黑色；明度值为最高时，图像会变为白色。

图 3-52

　　同时，在"色相 / 饱和度"对话框中，我们也可以单独对图像中的某一种颜色进行色相或饱和度的调整，如图 3-53 所示，只要在色彩范围选项中选择图像中的特定颜色即可。

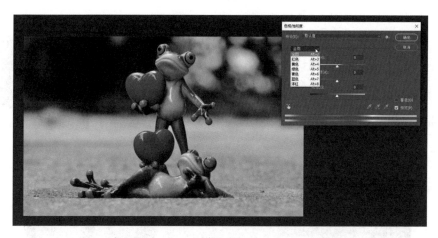

图 3-53

3.2.3 色彩平衡

　　"色彩平衡"工具可以用来控制图像的颜色分布，使图像达到色彩平衡的效果。如图 3-54 所示，执行"图像" > "调整" > "色彩平衡"命令，或使用快捷键"Ctrl+B"，调出"色彩平衡"对话框。

图 3-54

在"色彩平衡"对话框中可以看到色调分为阴影、中间调和高光 3 种，如图 3-55 所示。

对特定颜色的滑块进行调节，可明显看到图像的变化，如图 3-56 所示。

图 3-55

图 3-56

3.2.4 反相

反相就是将图像原来的色彩颠倒为其反转色，即白转黑、蓝变黄等。设置反相的操作方法为：执行"图像" > "调整" > "反相"菜单命令，如图 3-57 所示，或直接使用快捷键"Ctrl+I"。

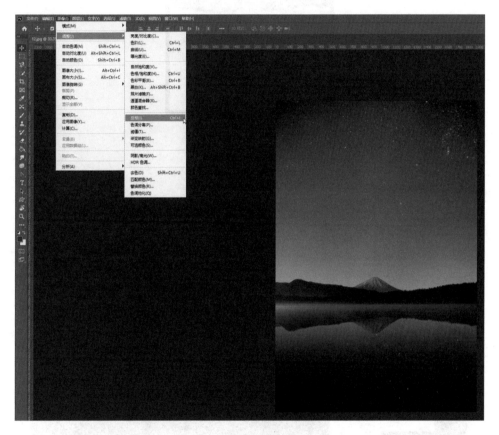

图 3-57

随后可得到如图 3-58 所示的效果。

图 3-58

3.2.5 色调分离

"色调分离"指的是可以按照指定保留的色阶数量，减少图像中的色彩数量，从而使图像不会因为色彩过于繁多而显得杂乱。操作方法为：执行"图像" > "调整" > "色调分离"命令，如图 3-59 所示。

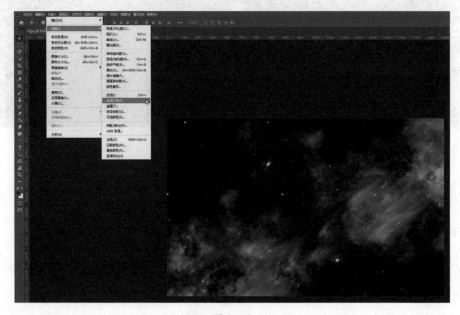

图 3-59

调出"色调分离"对话框，可看出色阶被等距离压缩，效果如图 3-60 所示。

图 3-60

3.2.6 阈值

执行"图像">"调整">"阈值"菜单命令，调出"阈值"对话框，如图 3-61 所示。

图 3-61

使用"阈值"可以快速将彩色或灰度图像转换成高对比度的黑白图像，即可以得到只包含黑、白两种颜色图像的位图，这种图像缺少中间过渡的色阶，不是白场就是黑场，因此图像边缘锐利，如图 3-62 和图 3-63 所示。

图 3-62

图 3-63

3.3 实战演练

3.3.1 未聚焦照片调色

图 3-64 是一张雪后拍摄的照片。

图 3-64

原本只想拍山，但由于相机镜头的焦段不够，导致拍摄画面杂物太多，画面不够简洁，这就需要我们利用 PS 进行后期技术处理。首先，我们利用裁剪工具将不想在画面中表现出的东西裁剪掉，效果如图 3-65 所示。

图 3-65

完成后，我们来分析照片的光影。由于雪后阴天，照片中呈现的层次感不是很强，显得很朦胧，这就需要我们调节图片的光影关系，让照片有层次感，操作方法为：执行"滤镜"＞"Camera Raw 滤镜"命令，如图 3-66 所示，或使用快捷键"Shift+Ctrl+A"。

图 3-66

在弹出的界面中，调节控制画面明暗对比的一些参数，如图 3-67 所示。

图 3-67

设定参数后点击"确定",随后按"Ctrl+M"调出"曲线"对话框,调节曲线让画面层次更丰富一些,如图 3-68 所示。

图 3-68

调整后的效果如图 3-69 所示。

图 3-69

我们可以看出现在的照片和原来的照片已经有了很大的不同，山已经出现了形态，但天空留白较多，画面比较简单，显得比较平淡，我们可以在画面中添加一些文字进行点缀，让画面看起来更加丰富，如图 3-70 所示。

图 3-70

3.3.2 暗部细节丢失照片调色

图 3-71 所示的照片在拍摄时为了不让天空过曝，导致暗部细节比较少，整体看起来发暗，色彩鲜艳度不够，我们可以通过以下操作进行调整。

图 3-71

首先，我们对照片整体曝光做出调整，执行"图像" > "调整" > "阴影 / 高光"命令，如图 3-72 所示。

图 3-72

在调出的"阴影／高光"对话框中提高阴影数量，降低高光数量，使照片整体曝光正常，如图 3-73 所示。

图 3-73

调整后，照片的曝光相对正常，但暗部不够暗，亮部不够亮，整体看起来发灰。这时执行"图像"＞"调整"＞"亮度／对比度"命令，如图 3-74 所示。

图 3-74

在弹出的"亮度 / 对比度"对话框中增加对比度，根据图像的明亮程度适当提高一些亮度，如图 3-75 所示。

图 3-75

鉴于色彩鲜艳的风景照片给人的感觉更舒适，执行"图像"＞"调整"＞"自然饱和度"命令，如图 3-76 所示。

图 3-76

调出"自然饱和度"对话框,如图 3-77 所示,增加自然饱和度和饱和度后,图片颜色变得更丰富,色彩也更鲜艳了。

图 3-77

这时照片的色彩、光影比之前好很多,但还存在光影结构平淡、照片缺少层次等不足,可通过执行"图像">"调整">"色阶"命令进行调整,如图 3-78 所示,或使用快捷键"Ctrl+L"。

图 3-78

调整输入色阶的"黑场""中间调""白场",使照片的光影富有层次,如图 3-79
所示。

图 3-79

最终效果如图 3-80 所示。

图 3-80

如果对现在的效果仍不满意，还可以使用 Camera Raw 滤镜进一步调整。执行"滤镜" > "Camera Raw 滤镜"命令，如图 3-81 所示，或使用快捷键"Shift+Ctrl+A"。

图 3-81

如图 3-82 所示，对参数进行设置，然后点击"确定"按钮，对照片的整体曝光进行优化。

图 3-82

最终效果如图 3-83 所示。

图 3-83

现在，我们可以很明显地看出修饰之前与修饰之后照片的不同。这只是我们调整图像整体的光影、色彩后的效果，后面的章节会详细讲解如何使用 Camera Raw 滤镜来调整图像的局部光影结构。

Ps

随着人们在社交、工作方面的要求越来越高，拥有一张精致的人像照片也就显得尤为重要。数码相机成像的高还原度让人物面部的一些瑕疵在拍摄后"一览无余"，对此，我们可以使用 PS 将人像照片调整至最佳状态。

4.1 基础工具

"工欲善其事，必先利其器"。在处理人像照片之前，应充分掌握修饰人像的工具，以达到事半功倍的效果。这些工具不只适用于人像处理，在其他图片修饰中也能起到很重要的作用，这节内容通过案例进行讲解，掌握后要学会活学活用。

4.1.1 模糊工具

模糊工具如图 4-1 所示，可以更改涂抹区域的模糊效果。在同一个区域反复涂抹，会增强其模糊程度。

图 4-1

我们可以在工具属性栏中对模糊工具的模式和强度进行设置。模糊工具的模式有 7 种，分别是"正常""变暗""变亮""色相""饱和度""颜色"和"明度"，如图 4-2 所示。在大多数情况下，用到的都是"正常"模式。

图 4-2

人像作品要想突出人物，可以通过虚化背景的方式来实现。如果人物和背景在前期都拍得比较清楚，可以用模糊工具涂抹背景来营造景深效果。比如，为了突出图 4-3 中的人物，可以将人物后面的背景做模糊处理。

图 4-3

在工具属性栏进行相应设置（如图4-4所示），首先选择"模糊工具"，然后按住鼠标左键涂抹背景。

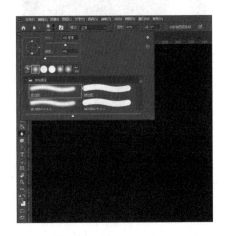

图 4-4

需要注意的是，涂抹时，距离主体较远的部分模糊程度应更高一些，这样更符合景深规律。完成后的效果如图4-5所示。

图 4-5

在将某图像中的某物体单独抠出来转移到其他图片上时，用模糊工具涂抹抠出物体的边缘，可以使物体与图片更好地融合。

4.1.2 锐化工具

锐化工具的作用与模糊工具的作用相反。使用锐化工具处理图像可以使图像的某一部分以及图像的边缘更清晰。锐化工具的设置与模糊工具的设置基本相同。右键单击"模糊工具"组按钮，然后选择要使用的"锐化工具"即可，如图4-6所示。

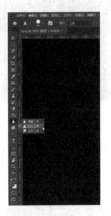

图 4-6

在处理人像时，我们可以使用锐化工具增强人物眼睛的锐利度，使人物的眼睛更有神。下面我们以图4-7为例进行操作说明。

图 4-7

如图 4-8 所示，选择"锐化工具"后，在工具属性栏设置合适的参数。

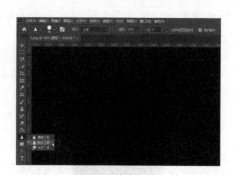

图 4-8

然后用鼠标拖动光标涂抹睫毛部位，如图 4-9 所示。

图 4-9

最终的效果如图 4-10 所示。

图 4-10

需要注意的是，锐化与模糊不同，模糊可以一直进行下去，而过度锐化则会损伤画质，产生噪点和晕影，如图 4-11所示。

图 4-11

4.1.3 涂抹工具

涂抹工具的作用类似于绘画时，用手指在颜料未干的画布上涂抹，其设置与模糊工具的设置基本相同，用鼠标右键单击"模糊工具"组按钮后选择"涂抹工具"即可使用，如图 4-12 所示。

以图 4-13 为例，我们选择"涂抹工具"后在工具属性栏设置合适的参数，然后拖动光标涂抹腿部使其变得更细。

图 4-12

图 4-13

最终对比效果如图4-14所示。

涂抹前　　　　涂抹后

图4-14

另外，在工具属性栏中勾选"手指绘画"复选框后，可以使用我们设定好的前景色进行涂抹，如图4-15所示。

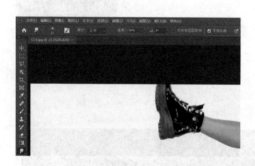

图4-15

Tips　一些工具在单独使用时存在一些局限，比如用涂抹工具进行瘦腿操作效果并不是很好，可以通过执行"滤镜">"液化">"向前变形工具"命令进行修饰。

4.1.4　减淡、加深和海绵工具

减淡工具（如图4-16所示），可以对图像的高光、中间调和暗调区域进行局部加亮。在人像照片处理中，我们可以用它来提亮肤色和美化眼睛等。

图4-16

我们发现，图4-17这张照片由于帽子遮挡，导致人物的鼻子和眼睛下面有些区域比较暗。我们可以通过如下操作进行调整。

图4-17

点击"减淡工具"图标，并在工具属性栏设置合适的参数，取消勾选"保护色调"复选框，如图4-18所示。

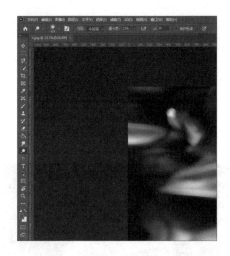

图 4-18

然后对人物面部的暗部区域进行涂抹，如图 4-19 所示。

图 4-19

最终效果如图 4-20 所示。

图 4-20

我们也可以用减淡工具美化人物的眼睛。首先，我们处理眼白部分，眼白部分属于高光区，在工具属性栏"范围"选项中选择"高光"，调整"曝光度"数值后进行涂抹，如图 4-21 所示。

图 4-21

接着处理虹膜和瞳孔。我们在工具属性栏"范围"的选项中选择"中间调"，调整"曝光度"的数值对其进行涂抹，如图 4-22 所示。

图 4-22

最终效果如图 4-23 所示。由于眼白与虹膜、瞳孔的明暗对比增强，显得人物更有神采。

图 4-23

加深工具的效果与减淡工具的效果相反。加深工具对图像中的高光、中间调和暗调区域进行局部的加深。工具属性栏的设置与减淡工具完全相同。

我们在处理人像时，可以利用加深工具对人物的眉毛等进行加深处理。下面我们以图 4-24 为例进行讲解。

首先，用鼠标右键单击"减淡工具"图标，然后选择加深工具选项，再在工具属性栏中调整合适的参数，之后就可以对人物的眉毛进行涂抹，如图 4-25 所示，重复涂抹可使加深效果更加明显。

图 4-25

最终效果如图 4-26 所示。

图 4-24

图 4-26

加深工具和减淡工具不可作为互补工具来使用。

海绵工具（如图 4-27 所示），可以提升或降低图像局部色彩的饱和度，以及灰度图像的对比度。

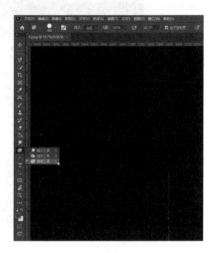

图 4-27

用鼠标右键单击"减淡工具"图标，然后选择"海绵工具"，再在工具属性栏中调整参数。想要提升图像局部的饱和度，可在"模式"选项中选择"加色"，如图 4-28 所示。

图 4-28

想要降低图像局部的饱和度，可在"模式"选项中选择"去色"，如图 4-29 所示。

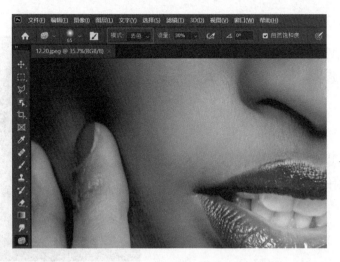

图 4-29

勾选"自然饱和度"(如图 4-30 所示），当选择"加色"时，可防止画面颜色因过度饱和而产生溢色现象；想要使用"去色"将画面变为黑白，则需要取消勾选"自然饱和度"。

图 4-30

下面我们以图 4-31 为例，使用"海绵工具"进行局部加色、去色，营造特殊的视觉效果。

图 4-31

在 PS 中置入图片后，选择"海绵工具"，设置合适的参数，模式为"去色"，取消勾选"自然饱和度"，对人物除嘴唇和大拇指指甲之外的部分进行涂抹，如图4-32 所示。

图 4-32

之后，利用"加色"模式对人物的嘴唇与指甲进行颜色的提亮，如图 4-33 所示。

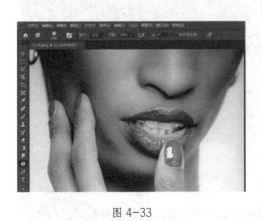

图 4-33

最终效果如图 4-34 所示。

图 4-34

4.1.5 使用红眼工具

在使用闪光灯照相的时候，如果人物的眼睛中出现了"红眼现象"（如图 4-35 所示），可以使用 PS 中的红眼工具来可以消除。

图 4-35

首先，用鼠标右键单击"污点修复画笔工具"图标，然后选择"红眼工具"（如图 4-36 所示），再在工具属性栏中设置参数，之后点击人眼的红色部分即可消除红眼。

图 4-36

最终效果如图 4-37 所示，左右两眼对比明显。

图 4-37

4.2 图像瑕疵修饰

人的面部经常会有斑点、痘印、皱纹等瑕疵，在人像后期修饰中需要修掉或修饰这些瑕疵，以使皮肤看上去平整干净。图像瑕疵修复工具不仅适用于人像处理，在其他场景同样大有用处。这里我们以人像处理为案例进行讲解。

4.2.1 使用污点修复画笔工具

使用污点修复画笔工具，如图4-38所示，可以处理、修饰画面中微小的瑕疵。当使用该工具点选瑕疵时，PS会对整体画面进行分析，自动从瑕疵周围的图像采样并遮盖瑕疵。

图 4-38

下面我们对图4-39中人物脸上的斑点等瑕疵进行修饰。

图 4-39

首先鼠标右击"修补工具组"图标，选择"污点修复画笔工具"，再在工具属性栏选择合适的笔尖大小和硬度，"模式"选为"正常"，"类型"选择"内容识别"，如图4-40所示。

图 4-40

最后用鼠标点击或涂抹有瑕疵的地方即可消除瑕疵，如图4-41所示。

图 4-41

最终效果如图 4-42 所示。

图 4-42

4.2.2 使用修复画笔工具

修复画笔工具也可用来修复图像中的瑕疵。它是以图像中的像素作为样本进行绘制，可以简单理解为在图像中拾取一个点，然后覆盖瑕疵点，但不是直接覆盖，它还考虑瑕疵点周围的图像环境，让拾取的这个点与瑕疵点周围的图像融合。

下面我们使用修复画笔工具来消除图 4-43 中人物脸上的斑点。

图 4-43

首先选择"修复画笔工具"（如图 4-44 所示），然后在工具属性栏选择合适的笔尖大小和硬度，"模式"选择"正常"，"源"选择"取样"，如图 4-45 所示。

图 4-45

接着按住"Alt"键,在没有斑点的地方单击鼠标取样,如图 4-46 所示。

图 4-44

图 4-46

之后在有斑点的地方单击鼠标左键或拖动鼠标进行涂抹,最终效果如图 4-47所示。

图 4-47

下面我们使用"从目标修补源"的方法来消除图 4-49 中人物脸上的一些斑点。

图 4-49

4.2.3 使用修补工具

修补工具可用于修复图像瑕疵，它是基于选区操作的，使用此工具可更精准地修复一些更复杂区域中的瑕疵。

修补工具修补选区有两种选择方式："源"（从目标修补源）和"目标"（从源修补目标）。如图 4-48 所示。

用鼠标右键单击"修补工具组"图标，然后选择在工具列表中单击"修补工具"，在工具属性栏中将"修补"设置为"正常"，选择"源"，如图 4-50 所示。

图 4-50

图 4-48

随后在有斑点的地方按住鼠标左键拖拽进行圈选，如图 4-51 所示。

图 4-51

松开鼠标左键后，圈选部分生成选区，如图 4-52 所示。

图 4-52

按住鼠标左键将选区拖到无斑点的区域，如图 4-53 所示。

图 4-53

最终效果如图 4-54 所示。

"从源修补目标"（如图 4-55 所示）与"从目标修补源"的修补方式相反。

图 4-54

图 4-55

即用选区在皮肤干净光滑的地方取样，如图 4-56 所示。

图 4-56

　　将干净、光滑的皮肤覆盖有斑点的地方，使斑点消失，皮肤变得干净、平滑，如图 4-57 所示。

图 4-57

相比其他修复工具，使用修补工具可以更好地保留皮肤的质感和纹理。

4.2.4 使用内容感知移动工具

内容感知移动工具也是基于选区操作的。使用此工具可以快速框选画面中的物体，将其移动到合适的位置，被移动的物体将自动融入周围的物体，而原来的区域也将被自动识别填充，与周围画面相适应。

下面我们使用内容感知移动工具将图 4-58 中的人物向右移，改变照片的构图。

图 4-58

鼠标右键单击"修补工具组"图标，选择"内容感知移动工具"，将工具属性栏中的"模式"设置为"移动"，其他选项设置为默认参数，如图 4-59 所示。

图 4-59

圈选人物主体，将选区右移，如图 4-60 所示，然后按"Enter"键。

图 4-60

得到的效果如图 4-61 所示。

图 4-61

再用其他修复工具对一些小瑕疵进行处理，最终的效果如图 4-62 所示。

图 4-62

需要注意的是，移动后画面还是会存在一些瑕疵，需要使用其他工具进一步完善。

图 4-63

若是将工具属性栏中的"模式"改为"扩展",如图 4-63 所示,被移动的物体将会复制一份,最终效果如图 4-64 所示。

图 4-64

4.2.5 使用仿制图章工具

使用仿制图章工具可以复制图像中的某部分,将其覆盖到需要的地方,达到修饰图像的效果。修复的前提是图像中有可以利用的部分,修复的效果受采样点的选取、复制的顺序的影响。

下面我们使用该工具来修复图 4-65 中人物所坐平台上的污渍。

图 4-65

单击"仿制图章工具",如图 4-66 所示,在工具属性栏中设置合适的笔尖大小与硬度,勾选"对齐"(勾选后每次复制的起始位置都为采样点处,可以连续对像素进行取样),如图 4-67 所示。

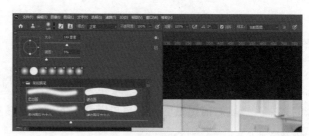

图 4-66   图 4-67

按住"Alt"键,在平整干净处进行取样,然后将取样的像素覆盖到有瑕疵的地方进行修复,如图 4-68 所示。

图 4-68

最终的效果如图 4-69 所示。

图 4-69

图 4-71

随后就可以在画布中进行涂抹了。也可以执行"编辑">"定义图案"命令，调出"图案名称"对话框，为图案设置名称，如图 4-72 所示。

我们在修复时需要考虑图片的整体效果，修复后的照片要符合正常逻辑。笔刷的设定也需注意：当图像中的颜色边界不太清晰时，可以使用较软的笔刷；当图像中的颜色边界相对清晰时，可以使用较硬的笔刷，以免模糊修复边界。

4.2.6 使用图案图章工具

使用图案图章工具可以将已有的图案直接复制到图像中，类似于可以为印章替换不同的图案在画板上盖印。这一功能常用于制作背景装饰图案上，具体操作方法如下。选择"图案图章工具"后，如图 4-70 所示，在工具栏中选择图案，如图 4-71 所示。

图 4-70

图 4-72

4.3 模糊滤镜

模糊滤镜可以创建各种效果，例如模糊背景、突出人物、创建景深效果、模拟高速摄影机跟拍效果、柔化图像以及人物磨皮等。接下来，我们将介绍 3 种最常用的模糊滤镜。

4.3.1 高斯模糊

"高斯模糊"即在图像中添加一些低频的细节，让图像产生一种朦胧的效果。高斯模糊也是模糊滤镜组中最常用的，利用它我们可以做模拟物体投影效果、景深效果、人物皮肤磨皮效果等。

图 4-73 中，人物的皮肤上有一些凹点，我们可以利用高斯模糊将这些不平整的地方模糊、朦胧化。

图 4-73

如何弹出"高斯模糊"对话框，如图 4-74 所示。

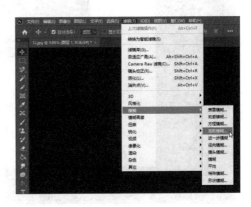

图 4-74

但如果我们直接执行高斯模糊效果，会将人物的五官都模糊掉，对此我们可以利用蒙版来辅助。使用快捷键"Ctrl+J"复制原图层后，执行"滤镜">"模糊">"高斯模糊"命令，调整合适的模糊半径值，让人物皮肤平滑的同时保证人物五官自然，如图 4-75 所示。

图 4-75

给复制的新图层添加蒙版,前景色选择黑色,按住快捷键"Alt+Delete"填充蒙版颜色为黑色,如图 4-76 所示。

图 4-76

在选中蒙版的同时,单击"画笔工具"按钮,画笔颜色为"白色",设置画笔大小和硬度、不透明度等参数,在人物皮肤凹点处涂抹,如图 4-77 所示。

图 4-77

最终效果如图 4-78 所示。

图 4-78

4.3.2 **动感模糊**

在跟随拍摄高速运动的物体时，我们要保证镜头的移动速度和物体的移动速度是相等的，镜头和物体保持相对静止，这样拍摄出来的主体才是清晰的，而物体之外的环境是相对高速运动的，所以拍出的背景是模糊的。动感模糊可以模拟出高速拍摄时主体清晰、周围环境模糊的效果。

我们执行"滤镜" > "模糊" > "动感模糊"命令，如图 4-79 所示。在弹出的对话框中，"角度"代表运动模糊的角度，"距离"代表模糊的程度，如图 4-80 所示，距离越大，模糊程度越大。

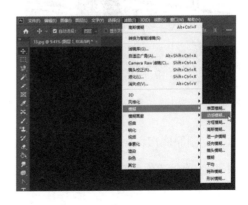

图 4-79

图 4-80

我们以图 4-81 为例制作模拟人物快速运动极具动感的照片。

图 4-82

图 4-81

复制原图层，执行动感模糊滤镜效果，设置合适的角度与距离如图 4-82 所示。

点击"确定"按钮，此时我们可以看出整个照片都变模糊了，如图 4-82 所示。而我们的目的是主体清晰、背景模糊，所以还得使用蒙版将人物清晰化。在图层上添加默认的白色蒙版，选择黑色柔边画笔工具，调整其参数，在人物主体上涂抹，如图 4-83 所示。

图 4-83

最终效果如图 4-84 所示。

图 4-84

4.3.3　镜头模糊

　　镜头模糊滤镜可以很好地模拟摄影中的景深效果。我们在前期拍摄时使用的镜头可能没有很大的光圈，达不到想要的景深效果，但我们可以使用 PS 模拟出这种景深效果。下面通过一个实例进行讲解。

　　如图 4-85 所示，我们将打电话的人作为主体，复制一层背景图层，用快速选择工具选出主体。

图 4-85

切换至"通道"面板，单击底部的"将选区储存为通道"按钮，如图 4-86 所示，存储的通道名称默认为"Alpha1"，随后按快捷键"Ctrl+D"取消选区。

图 4-86

我们要想做出比较逼真的景深效果，需要处理好通道里的黑白关系。在现实场景中，用较大光圈拍摄的照片，被摄的人、景或物距离焦点越近越清晰，越远越模糊。我们遵循这一规律，点击"Alpha1"通道图层，此时主体填充为白色，如图4-87所示。

图 4-87

选择"画笔工具"，使用圆角柔边白色画笔按照虚实关系进行涂抹，距离主体越近，白色越深；距离主体越远，白色越浅。如图4-88所示。

图 4-88

涂抹完后，用鼠标单击"RGB"通道，返回到"图层"面板，如图 4-89 所示。

图 4-89

执行"滤镜">"模糊">"镜头模糊"命令，如图 4-90 所示。预览选择"更加准确"，"源"选择之前创立的"Alpha1"，勾选"反相"，"半径"值设置为 40，如图 4-91 所示。随后根据画面调整光圈形状、叶片弯度、旋转、镜面高光和杂色等。

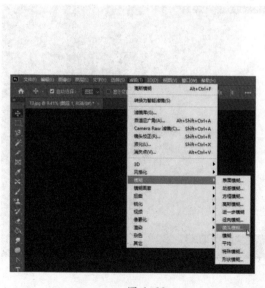

图 4-90

图 4-91

最终效果如图 4-92 所示。

图 4-92

> **Tips** 镜头模糊可以通过蒙版或通道中的黑白信息,分别为照片中距离主体不同远近的物体进行不同程度的模糊,因此,模拟出的景深效果非常好。

4.4 锐化滤镜

PS 中的"锐化"和"模糊"的效果是相反的,"锐化"可以让图片看起来更清晰,但这种清晰并不是增加图片细节,而是使图像像素与像素间的对比增强,颜色反差增大,给人清晰的视觉感受。使用锐化滤镜可以增强图片的质感。

其中,USM 锐化可以分析画面中颜色差异比较明显的区域,并对其实行锐化。USM 锐化是我们最常用的锐化方式之一,我们可以使用 USM 锐化增强照片的质感。

下面我们以图 4-93 为例,介绍 USM 锐化的操作步骤。

图 4-93

执行"滤镜">"锐化">"USM
锐化"命令，如图 4-94 所示。在弹出的
窗口中，如图 4-95 所示，"数量"表示
设置锐化的精细程度，数值越大越精细，
"半径"表示图像锐化范围的半径大小。

图 4-94

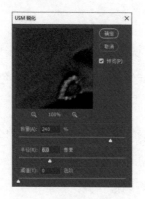

图 4-95

根据图片预览调整参数，点击"确
定"按钮，最终效果如图 4-96 所示。

图 4-96

4.5 Camera Raw 滤镜

Camera Raw 滤镜是我们在图像调色、
调节影调中最常用的滤镜之一，是一个综
合性的色彩调整工具。接下来以图 4-97
为例讲解 Camera Raw 滤镜的操作方法。

图 4-97 前期拍摄时由于场景环境原
因，以致色彩层次丢失，我们可以通过后
期的修饰来调整。使用快捷键"Ctrl+J"
复制图层，随后执行"滤镜">"Camera
Raw 滤镜"命令，如图 4-98 所示，或使
用快捷键"Shift+Ctrl+A"。

图 4-97

图 4-98

图 4-99

为进一步增强图片的层次对比，点击
"色调曲线"图标，在窗口中对曲线参数
进行微调，如图 4-100 所示。

如图 4-99 所示，调整色温、色调，
同时根据预览调整曝光、对比度、高光、
阴影等数值。

图 4-100

接着点击"HSL 调整"图标，对人像的皮肤颜色、头发颜色等进行调整。如图 4-101 所示，点击"色相"按钮，调整参数。

图 4-101

随后调整图像中颜色的饱和度，如图 4-102 所示。

图 4-102

点击"校准"图标，提高"红原色"的饱和度，使照片色彩更加明显，如图 4-103 所示。

图 4-103

点击"渐变滤镜"图标，单独调整人物脸颊上的小瑕疵，如图 4-104 所示。

图 4-104

最后点击"确定"按钮，得到如图 4-105 所示的效果。

下面我们再调整图 4-106。

图 4-105

图 4-106

执行"滤镜" > "Camera Raw 滤镜"命令，通过窗口中的直方图可以看出照片细节偏向暗部，照片整体偏暗，如图 4-107 所示。

图 4-107

如图 4-108 所示，提高"曝光""阴影""黑色"的数值，适当降低"高光""白色"的数值，可以改善照片的整体光影。

图 4-108

如图 4-109、图 4-110 和图 4-111 所示，增加绿色的"色相"值，降低绿色、橙色的饱和度，增加橙色的明亮度，可使人物皮肤变白、变亮。

图 4-109

图 4-110

图 4-111

点击"校准"图标，适当提高绿原色的色相值，降低蓝原色的色相值，提高蓝原色的饱和度，使照片色彩丰富，画面通透，如图 4-112 所示。

图 4-112

如图 4-113 所示，调整色调曲线，增强照片的对比度，提升照片的光影层次感。

图 4-113

点击"径向滤镜"图标，单独调整人物以外的环境，压暗周围环境，突出人物，如图4-114所示。

图4-114

如图4-115所示，使用渐变滤镜对一些区域进行单独调整，突出图片层次。

图4-115

图 4-116

可通过"切换"按钮，预览原图与调整之后图片的对比效果，如图 4-116 所示。最终效果如图 4-117 所示。

图 4-117

4.6 液化工具

液化工具是人像修饰中很重要的一个工具，它可以重塑脸部，修饰身形。

接下来，以图 4-118 为例，进行液化工具的讲解。

执行"滤镜" > "液化"命令，或按快捷键"Shift+Ctrl+X"，弹出"液化"窗口，如图 4-119 所示。

图 4-118

图 4-119

其中，左侧是液化工具栏，如图 4-120 所示，依次为"向前变形工具""重建工具""平滑工具""顺时针旋转扭曲工具""褶皱工具""膨胀工具""左推工具""冻结蒙版工具""解冻蒙版工具""脸部工具""抓手工具""缩放工具"。

液化属性栏包括"画笔工具选项""人脸识别液化""载入网格选项""蒙版选项""视图选项""画笔重建选项"，如图 4-121 所示。

图 4-120

图 4-121

若想为案例图中的人物瘦腿，可选择"向前变形工具"，如图 4-122 所示。

图 4-122

然后在"画笔工具选项"中调整合适的画笔参数，如图 4-123 所示。在画布内按住"Alt"键和鼠标右键，左右拖动鼠标即可调整画笔大小；按住"Alt"键，转动鼠标滚轮可以调整画布的大小。

图 4-123

如图 4-124 所示，沿人物腿部边缘拖动鼠标进行瘦腿。

图 4-124

勾选和取消勾选"预览"可实时观察修改前后的变化情况,如图 4-125 所示。最终效果如图 4-126 所示。

图 4-125

图 4-126

脸部工具可智能识别人脸。在 PS 中置入图片后,执行"滤镜">"液化"命令,PS 可自动识别人物脸部,人物脸部左右两侧各出现一条弧线,如图 4-127 所示。

图 4-127

我们可以在人脸处直接拖动鼠标调整、修饰脸部，也可以在右侧窗口调整相应的
参数，如图 4-128 所示。

图 4-128

若是调整过度，可点击"复位"对修饰过度的地方进行还原，如图 4-129 所示。

在液化的过程中，为防止不需要液化的区域像素变形，我们可以使用"冻结蒙版工
具"将不需要液化的区域的像素保护起来，如图 4-130 所示，红色区域为被保护区域。

若是涂抹错误，可用"解冻蒙版工具"擦除，如图 4-131 所示。

图 4-129   图 4-130

图 4-131

最终效果如图 4-132 所示。

图 4-132

Ps

第 5 章　PS 综合实例解析

通过前面的学习，相信大家对 PS 已经不再陌生，甚至可以熟练运用 PS 解决遇到的问题。前面的章节都配备了案例供我们学习，本章将结合我们日常生活、工作、学习中的实例讲解一些 PS 实用技法。学好本章也就掌握了高质量的数码图像后期处理技法，可以满足我们日常生活中的大多数图像处理需求，为今后从事设计等相关工作奠定良好的基础。

5.1 皮肤有瑕疵？快试试这些磨皮方法

5.1.1 高低频磨皮

高低频磨皮原理是将一个人的皮肤分为两部分：一是皮肤的细节，我们称之为"高频"；二是皮肤的光影，我们称之为"低频"。如果我们将这两个频提取到两个图层里，就可以对其进行单独调整，互不干扰。"高频层"可调节细节，不改变皮肤的颜色；"低频层"可调节皮肤的光影结构，不会损坏图像的细节。接下来通过一个案例使大家了解并掌握高低频磨皮方法。

图 5-1 中的人物皮肤比较粗糙，面部光影也不是很均匀，下面我们通过高低频磨皮来改善这一状况。

图 5-1

将原背景图层复制两次，将其中一个图层命名为"高频"，将另一个图层命名为"低频"，如图 5-2 所示。

图 5-2

鼠标选中"低频"图层，隐藏"高频"图层，对低频图层执行"滤镜" > "模糊" > "高斯模糊"命令，如图 5-3 所示。

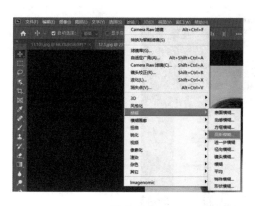

图 5-3

图 5-5

在弹出的"高斯模糊"窗口，将"半径"设置为"6"，如图 5-4 所示。也可根据图像和个人审美调整具体参数，让人物皮肤模糊、五官大致清楚即可，然后点击"确定"按钮。

在弹出的"应用图像"窗口，将"图层"设置为"低频"，"通道"设置为"RGB"，"混合"设置为"减去"，"缩放"设置为"2"，"补偿值"设置为"128"，如图 5-6 所示，点击确定按钮。

图 5-4

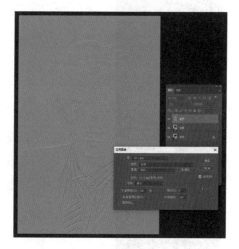

图 5-6

点开"高频"图层，执行"图像">"应用图像"命令，如图 5-5 所示。

将高频图层的混合模式设置为"线性光"，如图 5-7 所示。这一操作的目的是滤去灰色，使图像显示正常，便于之后进行操作。

图 5-7

我们在高频图层中，使用修补工具或图章工具对人物脸上的瑕疵进行处理，并在修饰脸上瑕疵的同时保留皮肤质感，如图 5-8 所示。

图 5-8

选中低频图层，使用套索工具圈选人物脸部除五官外的皮肤，如图 5-9 所示。

图 5-9

如图 5-10 所示，将"羽化"值设置为"20 像素"。

图 5-10

执行"滤镜"＞"模糊"＞"高斯模糊"命令，在弹出的"高斯模糊"对话框中，将"半径"设置为"19.4"，如图 5-11 所示，使选区内皮肤平滑且光影过渡自然即可。

接下来对人物皮肤的其他区域执行相同的处理方法，最终效果如图 5-12 所示。

图 5-12

图 5-11

5.1.2 双曲线磨皮

在不均匀光影的作用下，人物皮肤的大多数瑕疵和不均匀性会被放大，皮肤会呈现出凹凸不平的视觉效果。这时，我们可以使用双曲线磨皮来对人物皮肤的瑕疵处进行提亮或减暗，并在修复的同时保护皮肤细节。

我们以经过高低频处理后的图5-12为例，用双曲线磨皮对其进一步进行处理。由于有些瑕疵在处理时不够直观明显，这就需要添加不影响图片最终效果的"观察层"。新建"色相/饱和度"调整图层，将"饱和度"设置为"-100"，如图5-13所示。

图 5-14

新建"曲线"调整图层，拉低曲线，使瑕疵与皮肤对比更明显，如图5-15所示。

图 5-13

新建"亮度/对比度"调整图层，将"对比度"设置为"100"，如图5-14所示。

图 5-15

合并新建的3个图层，命名为"观察层"，如图5-16所示。我们可以通过更改"观察层"曲线实时观察皮肤的状况，并且可以通过隐藏与显示"观察层"实时观察皮肤瑕疵的处理情况。

图 5-16

如图 5-17 和图 5-18 所示，在"观察层"下方添加两个曲线图层，分别将其命名为"亮曲线"和"暗曲线"。

图 5-17

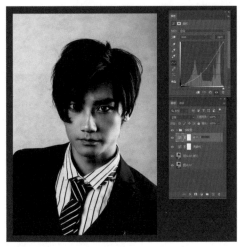

图 5-18

如图 5-19 所示，为两个曲线图层分别添加黑色蒙版。

图 5-19

选择"画笔工具"，将"前景色"设置为"白色"，工具属性栏中的"不透明度"和"流量"控制在 20% 左右，用鼠标左键点击"亮曲线"黑蒙版处，随后用画笔涂抹图 5-20 的红圈处。其间可以根据瑕疵大小不断变换画笔的大小，用亮曲线和暗曲线提亮和减暗瑕疵处。

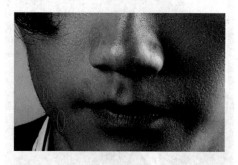

图 5-20

处理完成后，隐藏"观察层"，最终效果如图 5-21 所示。

图 5-21

5.1.3　中性灰磨皮

中性灰磨皮的原理与上面两种方式相似，只不过操作方式不同。中性灰磨皮是通过建立 50% 灰度的、叠加模式为柔光的中性灰图层，通过流量和不透明度较低的柔边画笔，减淡或加深灰度，起到提亮或压暗肤色的效果。

照片是二维的，但视觉上人脸却是三维的，这是因为人脸有明暗层次关系，高光和阴影的层次关系使人脸看起来更立体。同样，照片拍摄到皱纹是因为皱纹阻挡了部分光线进入皮肤，使皮肤看上去不再平滑，中性灰磨皮可以提高或压暗局部瑕疵的暗部和亮部，使瑕疵的光影与周围皮肤保持一致，让皮肤整体看起来光滑。接下来我们进行具体操作，如图 5-22 所示，将图片置入 PS 中，按快捷键 "Ctrl+J" 复制一个图层后，新建一个空白图层。

图 5-22

执行"编辑">"填充"命令，如图 5-23 所示，或按快捷键"Shift+F5"。

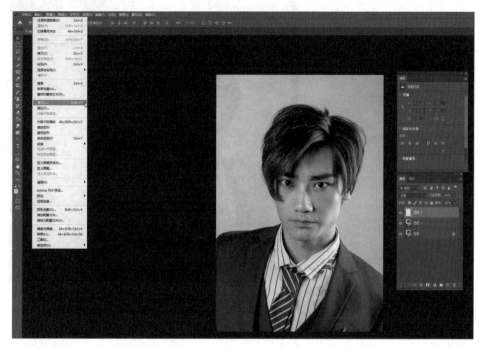

图 5-23

在弹出的"填充"对话框中的"内容"中选择"50％灰色"，如图 5-24 所示，点击"确定"按钮。将该图层命名为"中性灰"，然后用鼠标右键单击该图层，在列表中选择"混合选项"，在弹出的"图层类型"对话框中，将其模式设置为"柔光"然后点击"确定"按钮，结果如图 5-25 所示。

图 5-24   图 5-25

同双曲线磨皮方法一样，创建一个新的"色相/饱和度"调整层，并将"饱和度"设置为"-100"；新建"亮度/对比度"调整层，并将"对比度"设置为"100"；新建"曲线"调整层，降低曲线。最后选择3个图层，按快捷键"Ctrl+G"创建一个"观察层"，如图5-26所示。

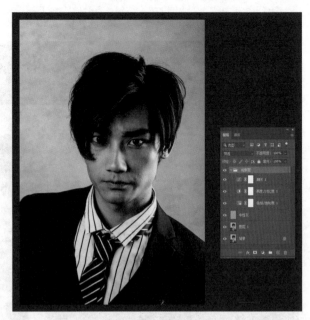

图 5-26

前景色、背景色分别设置为白、黑，选择"柔边画笔"，"硬度"为"0"，"流量""不透明度"设置为20%左右，如图5-27所示。根据实际情况调节，通过用白色画笔涂抹中性灰图层提高局部亮度和用黑色画笔压暗局部亮度的方式修复瑕疵。

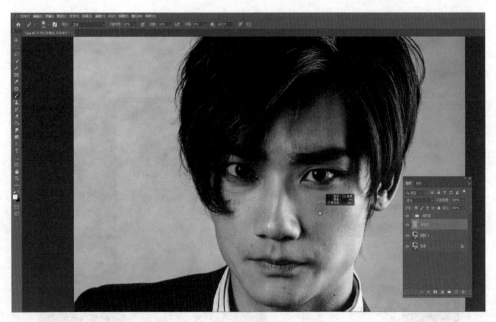

图 5-27

隐藏"观察层"即可看到调整后的效果，如图 5-28 所示。

图 5-28

Tips 中性灰磨皮方法的原理和双曲线磨皮相似，但中性灰磨皮的好处是切换黑白画笔方便，按住"X"键即可进行切换。

5.2 美白肌肤

在 PS 后期制作时，对皮肤颜色的调节一般是通过调节图像中的橙色和黄色来实现的。我们可以通过降低橙色饱和度、增加橙色的明亮度这一方法来美白、提亮肤色。图 5-29 中人物的整体肤色偏黄，对其进行美白处理的具体操作方法如下。

图 5-29

执行"滤镜">"Camera Raw 滤镜"命令，如图 5-30 所示，或使用快捷键"Shift+Ctrl+A"。

图 5-30

点击"HSL 调整"图标，降低橙色的饱和度，提高橙色的明亮度，如图 5-31 和图 5-32 所示，调整后点击"确定"按钮。

图 5-31

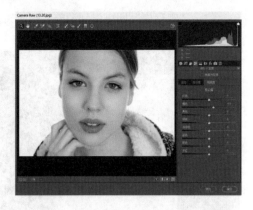

图 5-32

在"图层"面板中点击"创建新的填充或调整图层"按钮，在下拉列表中选择"可选颜色"，如图 5-33 所示。

图 5-33

在"属性"面板中，将颜色选择为"黄色"，提高洋红的百分比，降低黄色和黑色的百分比,如图 5-34 所示,以使皮肤变亮。

图 5-34

接下来选择颜色为"红色",降低黄色的百分比,适当提高黑色的百分比,具体参数可以结合实际进行设置,如图 5-35 所示。

图 5-35

最终效果如图5-36所示，可以看出人物皮肤明显增白增亮了。

图 5-36

Tips 降低橙色的饱和度后，皮肤往往会变得比较苍白，因此橙色的饱和度不宜降得太低，可配合可选颜色进行微调。

5.3 制作最美证件照

5.3.1 证件照常见的底色、用途及尺寸

证件照常见的底色有白色（R：255；G：255；B：255）、蓝色（R：67；G：142；B：219）、红色（R：255；G：0；B：0）。

白底证件照常用于简历、驾驶证、身份证、护照、签证、国际证书等；蓝底证件照常用于简历、毕业证、国内统考证书等；红底证件照常用于结婚登记照、保险、医保、暂住证、入园照等。

证件照常用尺寸有：一寸（2.3厘米×3.5厘米），二寸（3.5厘米×5.3厘米）。

5.3.2 证件照修饰标准

我们在处理证件照前，先了解人物面部结构非常重要。如图 5-37 所示，将脸的长度进行三等分，将脸的宽度进行五等分，这称为"三庭五眼"。"三庭五眼"是脸长与脸宽的一般标准比，符合比例的脸常被称为"理想脸"。

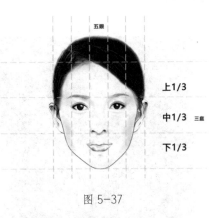

图 5-37

我们既要注意面部是否对称，有无高低眉、大小眼和歪鼻子等，也要注意身体是否对称，有无高低肩，人物发际线中间、鼻尖、嘴、喉结、衣领中心是否在同一垂直线上，等等。在操作中，我们可以适当液化脸部，动肉不动骨，皮肤要处理得白皙、有质感、有光影，总的来说，证件照既要美，又要真实，禁止过度修饰。在裁图时，注意头部占画面三分之二，头部上方留出一定空间，下方衣领保留完整。下面我们以图 5-38 为例进行详细讲解。

图 5-38

如图 5-39 所示，首先调出参考线，将参考线放置于"三庭五眼"处进行脸部结构的分析。

图 5-39

执行"滤镜"＞"液化"命令，如图 5-40 所示，对人脸进行液化修饰，使人物的五官更加符合"三庭五眼"的标准。

图 5-40

如图 5-41 所示，在"属性"窗口中勾选"显示参考线"，此时参考线会被同步到液化界面，方便我们对面部结构进行调整。

图 5-41

调整后的效果如图 5-42 所示。

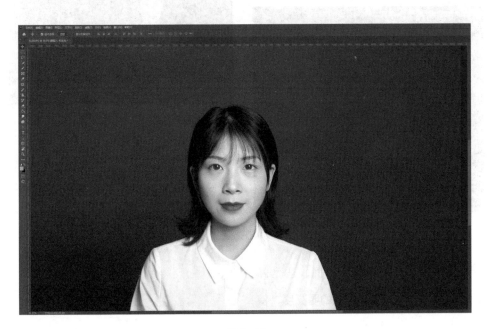

图 5-42

接下来对脸部的光影进行调整。执行操作"滤镜"＞"Camera Raw 滤镜"命令，如图 5-43 所示，或使用快捷键"Shift+Ctrl+A"。

皮肤变白，如图 5-45 和图 5-46 所示。

图 5-45

图 5-43

如图 5-44 所示，对脸部光影进行初步调节，对照片的对比度、高光、阴影等参数进行调整。

图 5-46

图 5-44

进一步处理肤色，如图 5-47 所示，在"图层"面板中选择"可选颜色"。

随后在"HSL 调整"界面，适当降低橙色的饱和度，提高橙色的明亮度，使

图 5-47

图 5-48

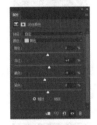

图 5-49

如图 5-48 和图 5-49 所示，对两种颜色进行调整，使人物皮肤更加白皙、红润。

最终效果如图 5-50 所示。

图 5-50

使用"Ctrl+Shift+Alt+E"键，盖印之前图层，得到图层2，如图5-51所示。

在"图层2拷贝"上执行"选择">"主体"命令，如图5-53所示。

图 5-51

复制"图层2"，并将"图层2"填充为白色，如图5-52所示。

图 5-53

此时可智能选出人物主体，如图5-54所示。

图 5-52

图 5-54

执行"选择" > "选择并遮住"命令，如图 5-55 所示，或使用快捷键"Alt+Ctrl+R"。

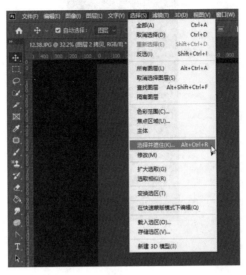

图 5-55

弹出图 5-56 所示的界面。

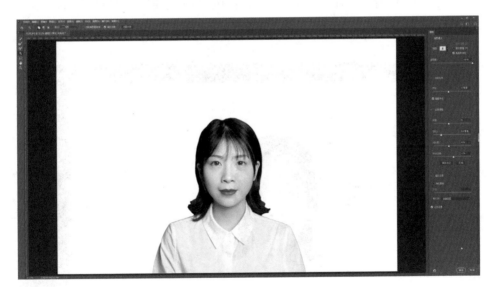

图 5-56

选择界面左侧工具栏中"调整边缘画笔"工具，在人物轮廓的边缘上涂抹，这样可以将人物发丝抠出并使图形轮廓更自然。在"输出到"中选择"新建图层"，如图 5-57 所示，点击"确定"按钮。

图 5-57

隐藏"图层 2 拷贝",可以看到由于红色背景导致人物头发边缘与背景重叠处头发显示为红色,这时我们可以按住"Ctrl"键并点击当前图层缩览图,得到选区,随即重复"选择">"选择并遮住"命令,这一次不用在弹出的窗口中进行任何操作,如图5-58 所示。

图 5-58

点击"确定"后得到如图 5-59 所示的效果。

图 5-59

随后我们对照片进行裁剪，选择"裁剪工具"，设置裁剪参数，如图 5-60 所示。

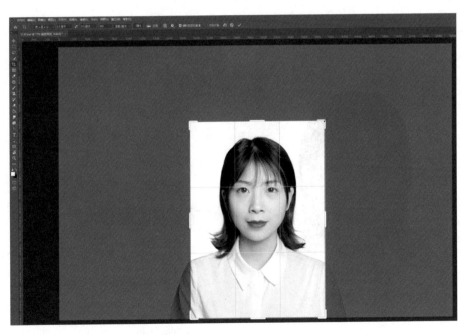

图 5-60

然后对人物衣服的褶皱进行处理，使用"修补工具"将其修补平整，如图 5-61
所示。

图 5-61

最终效果如图 5-62 所示。

图 5-62

5.4 给照片换个风格

常见的照片风格有日系清新风、北欧"ins 风"等。分析一张照片的风格，我们要看它的影调和色调。

5.4.1 日系清新风

日系清新风是现在非常流行的风格，这种风格贴近生活日常，给人一种清新、干净、明亮、温暖的视觉感受。日系清新风的影调是高明度、低对比，色调以蓝绿色为主，偏青色、低饱和。日系清新风的整体特点是光线感强，画面干净柔和、清新舒适。理解这些基本特点，对我们后期修图至关重要。

图 5-63 中的人物服饰搭配比较符合日系清新风，但照片整体发黄、发暗，人物脸部暗沉，画面看起来不太干净。下面我们用 PS 进行调整。

将图片放在 PS 中，复制图层，执行"滤镜">"Camera Raw 滤镜"命令，或使用快捷键"Shift+Ctrl+A"，在弹出窗口，执行白平衡校准，使整

图 5-63

个照片的色温略冷。根据日式清新风的特征，增加曝光和阴影，降低高光、白色和黑色，使画面明亮透明；降低对比度和饱和度，使画面舒适柔和，如图 5-64 所示。

图 5-64

如图 5-65、图 5-66 和图 5-67 所示，在"HSL 调整"窗口中，对绿色、蓝色的色相进行偏青调节；降低黄色、橙色的饱和度，提高蓝色的饱和度；提高红色、橙色和蓝色的明亮度。这样，画面干净，色彩和谐。

完成这些步骤后画面看起来有些发灰，这是因为中间调不够亮。我们可以在"色调曲线"窗口对曲线进行调整，如图 5-68 所示，提高 RGB 曲线的中间调，同时压低高光和阴影。

图 5-65

图 5-66

图 5-67

图 5-68

如图 5-69 所示，在"分离色调"窗口中给高光区域加青色。

如图 5-70 所示，在"校准"窗口中进行颜色校准，校准后点击"确定"按钮。

图 5-69

图 5-70

　　接下来进一步调节色彩。点击"调整"选项下"可选
颜色"图标，如图 5-71 所示。调出"可选颜色"面板，
"颜色"选择"黄色"，并拖动滑块减少黄色值，如图 5-72
所示。

图 5-71

图 5-72

如图 5-73 和图 5-74 所示，进行色彩平衡调节，中间调偏蓝，高光偏青。

图 5-73

图 5-74

最终效果如图 5-75 所示。

图 5-75

北欧 "ins 风"

"ins 风" 是在 Instagram 社交软件上开始逐渐流行的，其风格偏复古，在影调上多以中低调出现，暗部发灰。色彩冷暖对比强烈：冷色主要为青蓝色、青绿色；暖色主要为红色、橙色。整体饱和度较低，明度偏中性灰，高光和阴影发灰，画面色彩单一。

图 5-76 的画面色彩相对强烈，色彩不统一。接下来，我们用 PS 将其调整成 "ins 风"。

图 5-76

执行"滤镜">"Camera
Raw 滤镜"命令，或使用快捷
键"Shift+Ctrl+A"，弹出如图
5-77 所示窗口。调节高光、阴
影、白色、黑色，让照片曝光
正常；提高对比度，增加清晰
度；提高自然饱和度，让欠饱
和色彩与其他色彩的饱和度接
近，再降低饱和度，使照片色
彩和谐。

图 5-77

接下来点击"HSL 调整"
图标，对照片的单独色彩进行
调整。如图 5-78、图 5-79 和
图 5-80 所示，降低橙色色相
值，提高红色、橙色的饱和度，
降低其他无关色彩的饱和度，
突出皮肤颜色；适当降低红色、
橙色的明亮度，使皮肤具有厚
重感。

图 5-78

图 5-79

图 5-80

随后在"色调曲线"窗口调节曲线，如图 5-81 所示。

图 5-81

如图 5-82 所示，在"校准"窗口进行校准，增加红原色、绿原色饱和度，进一步提升皮肤的厚重感；降低蓝原色饱和度，使色彩更统一。

图 5-82

如图 5-83 所示，在"可选颜色"中选择"红色"，减少洋红，增加黄色。

图 5-83

如图 5-84 所示，调整曲线，进一步压灰高光和阴影，使照片更接近中性灰。

图 5-84

最终效果如图 5-85 所示。

图 5-85

5.5 用好修饰方法，让风景照大放异彩

5.5.1 堆栈

堆栈是风光摄影后期一种常见的处理方法，它可将同一摄影机位、同一构图，即用固定镜头拍摄的一系列照片在 PS 中进行处理，将这些照片通过某种规则，叠加成一张新的照片，以获得特殊效果，比如模拟长曝光、降噪等去除一个场景中不必要的移动物体、塑造空镜等。堆栈常用的模式有以下 3 种。

（1）中间值：可以移除画面中移动的人或物，比如去除照片中商场内移动的人等。

（2）平均值：使图层间透明度逐层递减，对亮度的平均值进行计算，可降噪，一般用于处理流云、水流等。

（3）最大值：把每个图层最亮的地方相互叠加，可以用于处理星轨、光轨等。

接下来通过几组实例分别讲解这几种模式。

（1）中间值模式。我们采用中间值模式对图 5-86 这一组图片进行处理，使其变成没有人物的空场景图片。

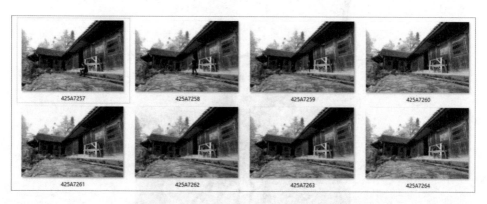

图 5-86

打开 PS，如图 5-87 所示，执行"文件">"脚本">"将文件载入堆栈"命令。

在弹出的"载入图层"窗口中进行设置，在"使用"选项中选择"文件"，勾选"载入图层后创建智能对象"，点击"浏览"，然后选择要导入的图片，如图 5-88 所示。

图 5-87

图 5-88

导入图片后点击"确定"按钮，得到图 5-89 所示的界面。

图 5-89

如图 5-90 所示，执行"图层">"智能对象">"堆栈模式">"中间值"命令。

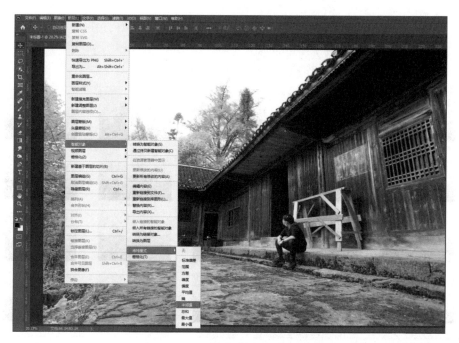

图 5-90

电脑自动分析处理后得到图 5-91 所示的效果，我们可以看到人物已经被移除，图片变成我们想要的空场景。

图 5-91

（2）平均值模式。下面我们使用平均值模式将相同时间段内拍摄的一组照片（如图 5-92 所示）合成一张流云效果的照片。

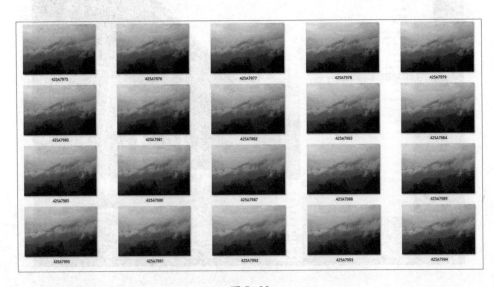

图 5-92

打开 PS，执行"文件" > "脚本" > "将文件载入堆栈"命令，将图 5-92 中的这些照片以和制造空场景同样的方式导入 PS。如图 5-93 所示，执行"图层" > "智能对象" > "堆栈模式" > "平均值"命令。

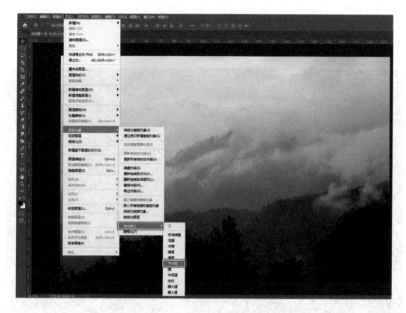

图 5-93

电脑自动分析处理后，进行调色处理，最终效果如图 5-94 所示。

图 5-94

（3）最大值模式。下面我们介绍使用最大值模式制作星空和车流图的步骤。步骤与制作空场景和流云的步骤基本相同，不同之处在于最后一步是选择"最大值"，即执行"图层"＞"智能对象"＞"堆栈模式"＞"最大值"命令。最终效果如图 5-95 和图 5-96 所示。

图 5-95

图 5-96

5.5.2 拼接

在前期拍摄中，由于镜头焦段的影响，拍出的照片不一定能够完整体现我们想要拍进去的东西，这时我们可以运用 PS 进行多张照片的拼接。需要注意的是，为保证照片的拼接效果，前期拍摄时尽量使用镜头畸变较小的焦段，并保证相同的曝光和白平衡，使用三脚架拍摄，小范围移动角度间断拍摄，照片重合度在 30%～60%，避开画面中移动的人。

接下来进行操作，尝试将图 5-97 至图 5-100 这 4 张照片拼接成 1 张照片。

图 5-97

图 5-98

图 5-99

图 5-100

执行"文件">"自动">"Photomerge"命令，如图 5-101 所示。

图 5-101

在弹出的"Photomerge"窗口中，点击"浏览"，如图 5-102 所示，将所要拼接的图片导入。

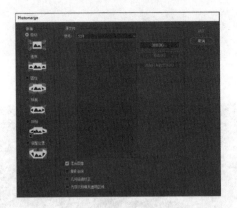

图 5-102

"版面"选择"圆柱",勾选下方的"混合图像""晕影去除""几何扭曲校正""内容识别填充透明区域",然后点击"确定"按钮,如图 5-103 所示。

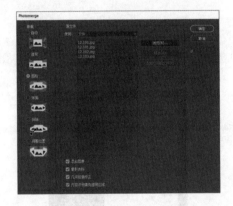

图 5-103

电脑自动分析处理后可得到图 5-104 所示的效果,这样,一张全景图就拼接好了。

图 5-104